not only passion

The Complete Illustrated

Kama Sutra 印度愛經

dala sex 018

原著＝筏蹉衍那（Vatsyayana）

編輯＝藍斯・丹（Lance Dane）

中譯＝江俊亮

dala sex 018

The Complete Illustrated
Kama Sutra 印度愛經

原著：筏蹉衍那（Vatsyayana）

編輯：藍斯‧丹（Lance Dane）

中譯：江俊亮

責任編輯：呂靜芬

校對：郭上嘉、黃健和

企宣：洪雅雯

美術設計：楊啟巽工作室

法律顧問：全理法律事務所董安丹律師

出版：大辣出版股份有限公司

　　　台北市105南京東路四段25號11F

　　　www.dalapub.com

　　　Tel：（02）2718-2698　Fax：（02）2514-8670

　　　service@dalapub.com

發行：大塊文化出版股份有限公司

　　　台北市105南京東路四段25號11F

　　　www.locuspublishing.com

　　　Tel：（02）8712-3898　Fax：（02）8712-3897

　　　讀者服務專線：0800-006689

　　　郵撥帳號：18955675

　　　戶名：大塊文化出版股份有限公司

　　　locus@locuspublishing.com

台灣地區總經銷：大和書報圖書股份有限公司

　　　地址：242台北縣新莊市五工五路2號

　　　Tel：（02）8990-2588　Fax：（02）2990-1658

　　　製版：瑞豐實業股份有限公司

　　　初版一刷：2007年11月

　　　定價：新台幣 799 元

The Complete Illustrated
Kama Sutra

序

Preface

每個國家的文學作品中，都必然會有許多關於情愛的珍貴典籍。放諸世界各地亦然，人們會因為相異的觀點，而產生各種對「愛」的不同表達方式。本書為梵語文學中，在愛欲領域的權威著作——《印度愛經》（愛之箴言）——的全譯本，其作者乃筏蹉衍那（Vatsyayana）。

《印度愛經》一書的內容共分為七章三十六節，另於〈引言〉部分介紹《印度愛經》的著作年代及相關評論。書中所有譯文均為《印度愛經》原典內容的體現。在開始揭示本書譯文之前，我們必須為讀者介紹此一領域的其他作品。

■前跨頁：一位身著長裙、頗具魅力的年輕女子，將一腿伸出裙外，另一腿搭在情人肩上，然後兩腿持續交換位置，以此「裂竹體位」與情人交歡。

■左：馬利那迦·筏蹉衍那（Mallinaga Vatsyayana）大約在西元第一至第六世紀之間生於貝拿勒斯（Benares），終生過著鑽研教義、奉行教規的生活。

■右：愛神（Kama）之妻拉蒂神（Rati）手張愛之箭瞄準前方。戰車之廟常以此類木雕作品作裝飾。

這些作品乃筏蹉衍那身後的作家們所寫，他們仍尊奉筏蹉衍那為情色文學領域的權威，並且都在著作中奉他為印度情色文學之祖。

《愛之秘密》（RATIRAHASYA）——柯科卡（Kokkoka）所著

柯科卡是一位詩人，據說奉國王梵努杜塔（Venudutta）之命而寫下了《愛之秘密》一書。他在書中每個章節的末尾，皆以錫達・帕提雅・班智達（siddha patiya pandita）——一位領袖群倫的學者之名——來稱呼自己。此作在久遠前便已被譯為梵語，而在譯文中，他被簡稱為科卡（Koka）。該書的其他印度文譯本裡，都採取此一簡稱來替代他的全名，所以他的著作與學說也就因此被稱為「科卡經」（Koka Shastra）、「科卡學說」（Doctrines of Koka）；與《印度愛經》一樣被視為情色著作中的經典。

《愛之秘密》一書又被稱為帕支吠陀（Pachivedas），它包含近八百首詩偈，共分為十五個章節。其中某些內容並未見於筏蹉衍那的著作譯本，比如「女子四品級」便是其中之一，包括蓮花女（padmini）、藝女（chitrini）、螺女（shankhini）與象女（hastini）。「女子四品級」記錄了古印度各品級女子在愛欲方面的點點滴滴。柯科卡宣稱其學說乃承自龔尼卡普特拉（Gonikaputra）與南第科史瓦拉（Nandikesvara），這兩位作家的大名均曾在筏蹉衍那的著作中被提及，但其作品已不得見。

《愛之秘密》的成書年代已難考證，但可確定的是，應在筏蹉衍那的著作問世之後，但又早於其他現存的相關著作。筏蹉衍那本人曾提及十位相關領域的作家大名（這些作家的著作均已佚失），但柯科卡的名字並不在其中。故據此推斷，柯科卡的著作應成書於筏

■左：南帝（Nandi）乃天
神濕婆身邊的牛神，據說
他就是《欲論》（愛欲之
規則）這本千章大書的開
創者與制訂者。
■右：濕婆（Shiva）乃印
度教的主神之一，與梵
天（Brahma）、毗濕奴
（Vishnu）共居印度教三
大聖神之位。

蹉衍那之後，否則筏蹉衍那應當會在相關領域作家的名單中提及。

《五箭集》（PANCHASAYAKA）──裘提瑞史瓦拉（Jyotirisvara）著

　　裘提瑞史瓦拉乃知名詩人、六十四藝的傳人，也是最優秀的樂理教師。根據他的說法，此書為他稟受諸神的愛情箴言，並參考龔尼卡普特拉、穆拉德瓦（Muladeva）、巴布拉雅（Babhravya）、蘭提德瓦（Ramtideva）、南第科史瓦拉與喀什門德拉（Kshemendra）的學說編撰而成（上述作家的作品皆已亡佚）。《五箭集》包含近六百首詩偈，分為五個段落（每個段落稱為一個「sayakas」或「箭」）。印度神話中，愛神坐於象背，手張弓弦，弓上搭著五支箭，此書之名乃據此而來。

《愛之光》（SMARAPRADIPIKA）──古那卡拉（Gunakara）所著

　　古那卡拉為筏查史帕第（Vachaspati）之子。該著作包含四百首詩偈，只精簡地提到愛的原則，而把重點放在其他部分。

《愛之花環》（RATIMANJARI）——
迦雅德瓦（Jayadeva）所著

　　詩人迦雅德瓦的著作《愛之花環》篇幅很短，包含一百二十五首詩偈，文句優雅，成書年代約在西元十五世紀。

《愛之芽》（RASAMANJARI）——
巴努達塔（Bhanudatta）所著

　　詩人巴努達塔在該書最後一首詩偈中，提到自己為提爾戶特（Tirhoot）省的居民，為婆羅門僧侶迦內史瓦（Ganeshwar）之子，其父亦曾為詩人。該書以梵語寫成，述及十五種品級男女之年齡、外表、品行與行為。該書分為三章，很難判定其寫成年代。

《愛之舞台》（ANANGA RANGA）——卡里雅那瑪拉（Kalyanamalla）所著

　　本書也被譯為「愛之階段」，寫作目的在於提供阿門德‧利第（Ahmed Lidi）之子拉德坎（Ladkhan）行歡享樂之用。拉德坎尚有其他頗為知名的稱呼，如拉達那‧穆爾（Ladana Mull）與拉達那巴拉（Ladanaballa）等。他很可能是洛第（Lodi）家族的親戚，要不然也跟此一家族有密切關係。該家族在西元1450～1526之間統治印度，因此，本書的寫作年代亦應在十五、十六世紀之間。此書的內容包含十個章節，全書均被譯為英文，但僅有六個章節曾被付梓以供私人流傳。本書被公認為所有古印度情色著作中的最後一本，由其內容可顯見其乃擷取自前人的相關作品。

　　該書就內容本身來看，可說是世界文學史上的特殊現象。梵語詩歌與戲劇中，雖然跟其他國家的文學一樣，充滿了大量的感性文句與浪漫故事。但在梵語文學作品裡，愛卻是明白可知、簡單易懂，

並且非常實際的一件事。

蓮花女（PADMINI）

「具備以下特質、特徵之女子，乃可稱為蓮花女。她的臉孔悅目，猶如滿月；她的身材姣好，柔軟如芥末花；她的皮膚光滑、柔細、完美，猶如黃蓮。她的雙眼明亮美麗，猶如幼鹿之目，線條明利，眼角微帶血色；她的酥胸尖挺飽滿，頸項優美；鼻梁端正挺直；身體正中的肚臍一帶，有三道細細的皺紋。她的私處猶如蓮苞初綻，陰蒂芳香如百合新開。她的步伐優雅如天鵝，聲音低沉悅耳，彷彿杜鵑啼鳴；性喜時髦衣裳，身著上好珠寶，衣飾華貴。她的食量少，睡得淺，懂得尊重他人，並且信仰虔誠。她聰明謙恭，一心敬拜天神，樂於與婆羅門僧侶交談請益。如是之女，可稱為蓮花女。」

■左：出自印度拉基斯坦（Rajasthan）地區提歐迦（Deogarh）的小圖。受過良好教養的男子，若與女子約會交往，則當身著華服、頸掛芳香項鍊、臂佩亮麗珠寶。

■右：蓮花女乃完美之女子，面容姣好猶如滿月，雙峰飽滿尖挺。

　　一如維納斯是希臘文學中女性美的象徵，在印度文學中，蓮花女是完美女性的代表。

　　梵語文學中另外還記載了藝女、螺女，以及象女。典籍中詳載這些類型女子春情發動的日期與時辰、情欲強度，以及該如何加以追求、在交歡之時又該如何對待等等。文獻中強調印度各地男女特質之差異，內容中包含大量的細節，寫作態度嚴謹，篇幅龐大。

引言
Introduction

關於筏蹉衍那的《印度愛經》是如何被發掘問世，又如何被譯為英文，是非常有趣的課題。其始末為：在《愛之舞台》一書被譯成英文之後，人們發現書中許多資料與意見都引述自筏蹉衍那。於是人們紛紛詢問：「筏蹉衍那是何方神聖？」，而身為梵學家，所能提供的答案是：他是梵語文學中情色經典作品的作者，梵語書庫若少了他的作品，便不能稱為收藏完整。

　　即便如此，要收羅筏蹉衍那所有的作品，卻是非常困難。吾人在孟買發現的手抄本已殘缺不全，只好去信向貝拿勒斯（Benares）、加爾各達（Calcutta）、齋普爾（Jaipur）等地的圖書館索閱同書之抄本。然後將這幾個版本拿來相互對照比較，並藉由該書的相關評論集《迦雅曼迦拉》（Jayamangala）之助，才得以重新整理出全本著作，而這也正是本書英譯本所根據的原典。

■左：帕瓦蒂（Parvati）為濕婆之妻，她色誘濕婆，令他失去定力。她身著誘人服裝，悅目珠寶，並描畫緋紅眼線。她迷人的乳頭以胭脂水粉勾勒線條，肚臍深邃明亮，小腹渾圓優雅，大腿美勝芭蕉。

■右：濕婆乃男性之神（生殖之神），正威武地坐在南帝背上。濕婆是印度教最受尊崇的神祇之一，據說其陽具永遠昂揚堅挺。

愛的箴言

筏蹉衍那的原典包含一千兩百五十首詩偈，分見於書中的七個章節與三十六個小段落中。而筏蹉衍那本人的事跡亦難以查考，他的本名應為馬利那迦（Mallinaga）或馬利拉納（Mrillana），筏蹉衍那乃其家族名。在原典的結尾，筏蹉衍那寫道：

在閱讀並思考過巴布拉雅等前輩作者的著作，並仔細體察其所頒律規背後的用意之後，本論著乃得以問世。書中內容均依承聖典訓示，寫作目的在於普利大眾。為終身在貝拿勒斯奉行教法、瞑思諸神教義的學人筏蹉衍那所著。本書不僅是協助世人滿足欲望的工具，凡真正明瞭此學問真諦者、真正追求法、利與欲者，以及真正尊重社會習俗者，必能經由感官體驗到豐沛的感受。簡而言之，一位聰慧有學之士，真求法利欲者，必不致成為欲望之俘虜，必能於所有事務中獲致成功。

法（Dharma）──德行、宗教福報
利（Dharma）──全天下的財富
欲（Kama）──愛、愉悅、感官的滿足

雖然無法確知筏蹉衍那的生卒日期，亦不知其著作的問世之日，我們依然能由其著作裡的資訊，推定其年代在於西元第一至第六世紀之間。

他在書中提及薩塔卡尼·薩塔瓦哈那（Satakarni Satavahana），這位昆塔拉（Kuntala）國王因受愛欲掌控，而以一把利鉗殺死了妻子瑪拉雅瓦提（Malayavati）。筏蹉衍那藉此提醒世間愛侶，若受到狂暴的情愛掌控，將會是多麼危險的一件事。由於昆塔拉國王的生存與統治年代據考乃在西元一世紀左右，所以筏蹉衍那的著作必定在那之後才問世。

另外，《愛之科學》（Brihatsamhita）一書的作者瓦拉哈米希拉（Varahamihira），據考乃生於西元六世紀。他在該書的第十八章中，提到自己大量取用了筏蹉衍那的著作；是以我們可以推斷，筏蹉衍那的生卒年代肯定早於該本著作，也就是在西元一世紀之後、六世紀之前。

關於筏蹉衍那著作的評論，我們只找到兩本：《迦雅曼迦拉》（或稱《蘇塔拉巴席雅》〔Sutrabhashya〕）及《蘇特拉利提》（Sutravritti）。《迦雅曼迦拉》一書的問世年代，據考應在西元第十至十三世紀間，因其中關於六十四藝的敘述乃取自《卡雅普拉卡沙》（Kavyaprakasha）這本寫於西元十世紀的書。

又，吾人所發現的《迦雅曼迦拉》抄本，乃膽自於查魯奇安（Chalukyan）國王維沙拉德瓦（Vishaladeva）所建的圖書館。該書末尾清楚記載了下列文句：

以上乃關於筏蹉衍那《愛經》的評論中，曾涉及「愛之藝術」課題者。本書出自於王中之王──維沙拉德瓦──的圖書館。該王為力量強大的英雄，出身查魯奇雅（Chalukya）家族，如同阿周那（Arjuna）二世般，乃家族中最尊貴的寶石。

眾所皆知，維沙拉德瓦在西元1244～1262之間統治著古迦拉（Gujarat），因此，《迦雅曼迦拉》一書的問世年代應在西元第十至第十三世紀間。

據推斷，該書的作者應該是一位名叫耶索陀羅（Yashodhara）的人，而這個名字又是他的因陀羅帕德（Indrapada）導師所賜。耶索陀羅可能是與一位聰明機靈的女子分手之後，深受分離之苦，所以寫下了這本書，因為在書中每個章節的末尾都提及。根據

推斷，本書書名很可能正是耶索陀羅的愛人之名，要不也跟這位女子的姓名有關。

《迦雅曼迦拉》這本評論最有用的地方，在於幫助人們理解筏蹉衍那著作的真義。因為作者曾深入思考過筏蹉衍那的理論，並在許多地方提供我們大量的細節與資訊。

但《蘇特拉利提》這本大約成於1789年的書，就不見得具備這樣的價值。該書的作者為那辛・沙特瑞（Narsing Shastri），乃薩維史瓦・沙特瑞（Sarveshwar Shastri）的門徒。後者為巴史卡（Bhaskar）的後裔，所以作者在書中每個章節中都自稱為巴史卡・那辛・沙特瑞（Bhaskar Narsing Shastri）。

據說這本評論是他在貝拿勒斯居住期間，受命於學者拉雅・瑞雅拉拉（Raja Vrijalala）而寫下的。但他這本評論其實沒什麼討論價值，因為我們從書中許多地方都可以發現，作者對筏蹉衍那的原典並未有真切的瞭解，並且常常改動原文以符合他個人的解釋。

最後，本書主要採用了理查・伯頓（Sir Richard Burton）與阿布什諾（Arbuthnot）對筏蹉衍那《愛經》的翻譯，亦參照同書的其他梵文版本。

■左：薩拉罕吉卡（Shalabhanjika）天女，貴霜王朝（Kushana）時期的雕刻作品，馬圖拉（Mathura）公立博物館館藏，大約作於乃西元一、二世紀間。

■右：愛神乃年輕英俊之男子，手挽甘蔗之弓，身攜以花為矛之箭，專以年輕愛侶為其獵物。他與妻子拉蒂彼此之間甚為渴慕依戀。

contents

第一章　總論

BOOK 1 General Principles

研習聖典	Study of the Shastras
法、利、欲	Dharma, Artha, Kama
研習技藝與科學	Study of Arts, Sciences
社交男子	Man about Town
女方與信使	Nayikas and Messengers

研習聖典

Study of the Shastras

शास्त्रसंग्रह प्रकरण

Shastrasangraha Drakarana

世界初始，上天肇生男女，並以戒律形式，透過十萬偈頌向世人頒布法（Dharma）、利（Artha）、欲（Kama）之正道。其中，攸關乎「法」者，由史瓦雅胡·馬努（Swayambhu Manu）逐條撰錄；與「利」相關者，則由布利哈斯帕第（Brihaspati）負責編纂；而關乎「欲」者則由摩訶德瓦（Mahadeva）之傳人南第科史瓦拉（Nandikeshvara）加以闡釋。

南第科史瓦拉所撰之《愛經》（Kama Sutra），本有千章篇幅，後由烏達拉卡（Uddalaka）之子史維塔科圖（Shvetaketu）精簡為五百章。其後更經德里（Delhi）南方帕查拉（Panchala）地區人士巴布拉雅（Babhravya），秉持

■左：維許梵塔拉·迦塔卡（Vishvantara Jataka）的洞穴壁畫，大約作於西元第六世紀。該地位置在德坎（Deccan）北部的阿雁塔（Ajanta）。畫中的女子似乎處於一以歡樂為事的宮殿之中。
■右：一位身佩精緻首飾的女子正擺出撩人姿勢。

相近的原則加以刪減，將全書濃縮為一百五十章。最後，《愛經》
被歸納為以下七個主題：

總論（Sadharana）
前戲與交合（Samprayogika）
求愛與婚姻（Kanya Samprayuktaka）
為人妻者（Bharyadhikarika）
引誘有夫之婦（Paradarika）
高級交際花（Vaishika）
秘方與春藥（Aupanishadika）

其中，〈高級交際花〉一章，曾由達塔卡（Dattaka）應帕他利普
特拉（Pataliputra）地區高級妓女之邀加以闡釋。此外，第一章〈總
論〉也曾在相類的情況中，由查拉衍那（Charayana）加以演繹。

而現存版本，則分由以下作者演述：
第一章，總論：查拉衍那（Charayana）
第二章，前戲與交合：蘇瓦那那跋（Suvarnanabha）
第三章，求愛與婚姻：龔他卡摩迦（Gotakamukha）
第四章，為人妻者：龔娜迪亞（Gonardiya）
第五章，引誘有夫之婦：龔尼卡普特拉（Gonikaputra）
第六章，高級交際花：達塔卡（Dattaka）
第七章，秘方與春藥：庫丘摩羅（Kuchumara）

由於作者各異，若欲將上述諸章蒐羅齊整，可謂無有可能。又因
各章所探討之主題盡皆不同，是以整部經典讀起來頗不連貫。而巴
布拉雅手著之原典，因篇幅過長，意旨難以掌握，所以筏蹉衍那乃
將前述七章內容，縮寫為更加精簡之版本，以解決此一難題。

法、利、欲
Dharma, Artha, Kama

त्रिवर्गप्रतिपत्ति प्रकरण
Trivargapratipatti Drakarana

人生百年，應於生命的各階段裡實踐法、利、欲，以領悟天人合一的道理。童年階段，當致力於學習；青壯年時期，當力求利與欲；而老年時期，則當研習法理，尋求解脫（moksha）之道，以了脫生死輪迴。若考慮到人生之無常，或者亦不妨同時追求此三項目標。但最重要的是，必得要終身謙恭虔誠地學習教法、實踐法理，直到生命結束。

所謂法者，即是遵從《聖典》（印度教聖經）之諭令，實踐特定梵行。此中包括某些較少為人所行的犧牲奉獻，以其修行之目的在於榮耀諸神，致使效益難以得見之故。《聖典》所頒戒條中，另有較常為人持守的條目如禁食葷腥等，

■濕婆之妻帕瓦蒂乃美麗之神，她的美令人目眩神迷。只不過略一現身，便令濕婆心旌搖蕩，無法自持。

以其乃生活日用之中具體可行的事項，是以效益較為顯明之故。

學習法理，必當研讀「緒入提」（Shruti）和「吠陀」（Vedas）經典，或向任何精修有成者請益。

所謂利者，意指獲取藝術品、土地、黃金、牲口、錢財與友朋；同時亦含括對個人財物之保護，以及私人資產之累積。君王周遭之執事官員，以及熟習貿易之商賈，皆為吾人學習此道之良師也。

所謂欲者，意指視、聽、嗅、味、觸等感官刺激，與心、靈相結合後，所帶給人們的愉悅之感；亦即五官與外境和合之際，吾人所感知之樂受也。

學習愛欲，必當研習《愛經》，並向前輩先進吸取經驗。

若取法、利、欲三者齊一而觀，其個別重要性一如其排列順序：法當優於利，而利當優於欲。但端就法、利、欲三者之優先順序而言，仍不可一概而論。比如身為國王者，必先實踐「利」之一事，以其身繫人民福祉是也。而以愛欲為業之娼妓，理應首重「欲」道。

或有學者以為，法與利二者雖有透過書本來學習之必要，然欲之一事，乃隨處可見、禽獸亦能行之，何必贅言學習？此說殊為謬見！男女交合之事，須由雙方以適當方式共同為之，而箇中之道，

■前跨頁：愛神正與其妻拉蒂（Rati，代表性欲與快感）熱烈交歡中，阿薩拉天女乃愛神之侍女，無瑕之美的象徵，她們正合掌恭侍兩位天神之交合。

■左：拉德哈（Radha）與克利席那（Krishna）交歡圖。

■右：拉瓦納（Ravana）正誘拐著拉瑪（Rama）之妻席塔（Sita）。此舉顯然違背了「法」，他也將為此而喪命。

更唯能藉《欲論》（Kama Shastra）以窺其徑。未臻圓滿之交合——比如動物交配——是一種不由自主的行為，端視其牝者於特定季節中之發情狀況，而其於陰陽交合之前，亦未曾有一毫之思慮。

洛卡雅提卡（Lokayatikas）有言：「宗教戒律無須遵守。其所許諾者，僅為來世之善報，而此善報之實現與否，尚屬未定之天。」

此言差矣！《聖典》揭示之法理，不容置疑。

若是人奉獻之時心求現世福報，如仇敵潰散、天降甘霖等，則必能於當世具體得見善報之酬應。日、月、星辰與眾神，皆為世人福祉而生。世界之所以存在，乃遵守四種姓制度的結果。是以筏蹉衍那方才斷言：「所有宗教戒律，皆當遵守」。

世間萬物無不受命運掌控，得失、成敗、悲喜，莫不盡然。一如巴里王（Bali）因命運之故，被拱上因陀羅神（Indra）寶座，其後亦被命運逐下王位，唯有命運為世界之主導。

但世間萬事亦非全由命運主宰。一切事物之成就與否，端視其人是否盡力。即使有一事物本當實現，卻仍可能因當事人之努力不足，致使善報無緣成就。

　　亦有一心專求獲利者，認為歡樂過後必生悲愁，令人結交損友、自甘墮落；靈魂失其純淨，行事不慮後果，成為粗率輕浮之徒。終將不再為人所信、不再為人所納，並受眾人與自身之鄙夷。

　　此看法並不成立，因為歡樂乃生命之必需，如食物之於身體。吾人甚至可斷言，實踐「法」與「利」的目的正是為了求得「歡樂」；但追求歡樂之時，仍務必謹慎而有所節制。

　　關於此一主題，詩偈（Shlokas）如是說：

　　追求法利愛欲者，今生來世同受樂。善行必將有善報，毋須擔憂來世苦，原有福祉必不損。凡有助於此三者，不論全三或一二，一切均應遵奉行；但若犧牲餘二者，僅於三者中獲一，則非吾人所當行。

研習技藝與科學
Study of Art, Sciences

विद्यासमुद्देश प्रकरण

Vidyasamuddesh Drakarana

世人均應研習《愛經》及相關之技藝、科學知識，因技藝與科學之中，蘊藏法理與致富之道也。年輕女子當於婚前研習《愛經》及其中技藝、科學知識，並當於婚後經丈夫同意而繼續學習。

　　或有學者抱持異議，認為女子無才便是德，是以《愛經》亦不當研習。但筏蹉衍那以為，抱持此一負面態度，並不具任何益處。因為女子早就明瞭《愛經》的原則，而且那些原則又是從《欲論》這門實踐愛欲的學問中被歸納出來的。

《欲論》之於女子

　　因此，女子均應研習《欲論》，或至少向閨中密友請益，以習得部分學問。凡為女子者，均應研習其中之「六十四藝」，並於下列人物中尋求導師：褓姆（dhatri）諸女兒中，與自己共同成長之已婚者、可信之女性朋友、母系之女性長輩、年長的女僕、曾經歷過家庭生活之女乞丐（sanyasini），或親生姊姊中為己所信任者。

搭配學習之技藝

　　應搭配《欲論》一起學習之技藝有：歌唱、樂器演奏、舞蹈、

寫作、素描與繪畫；採編樹葉以裝飾前額、以花朵裝飾地板、門框與典禮；以米、色粉與花朵敬奉家神；以植物染料彩繪指甲、手掌及身體其餘部位；塗染齒牙、頭髮與雙腳；衣物之針黹、縫染；編織；善用穿衣技巧修飾自身缺點；以絲巾編出合乎時尚之髮辮，並在髮上飾以珠串、花環。

另當配合不同的季節與場合，適當地以各色布幔和花朵裝飾臥房；以動物齒骨、銀或特殊材料作裝飾；收集花草以提煉香水；向各類美食專家學習烹飪技術，以各種色素、香料來調製果汁與酒；向長輩學習各種禮儀；在宴會上以色線布置出栩栩如生的寺廟、鳥類、動物或其他圖案；纏飾手指；訓練鸚鵡、八哥、歐略鳥（starling）模仿人語。

智力遊戲

猜謎、成語接龍、繞口令、朗誦文句；講述故事、戲劇與傳說；故事或詩歌之接龍；談論語料及方言掌故；猜字遊戲：將字彙加以

■左：社交男女應於春日以敬奉愛神為由，盡情安排合宜之宴會與慶典。他們應相互噴灑香水、拋擲花朵。

■右：拉德哈（Radha）與克利席那（Krishna）交換愛情信物。

變形：比如調換一個字裡面的字母順序、在每個音節後插入一個字母等；背誦詩文；複誦冷僻文言單字；以規定的字眼拼出詩句；以及辭典、詞彙、語言格律方面的知識。

實用知識

研讀建築、土木與器物修理；學習園藝與農耕，以及相關的施肥、病蟲害防治知識；銀器、金幣與特殊寶石的估價方法；提煉與混熔金屬。

運動

熟練各式泳技、潛水姿勢，並能拍擊出韻律的水聲，善博奕與骰

■左：一對獨處的情侶正熱烈緊擁著。

■右上：布巴聶席瓦（Bhubaneshwar）一座神廟的裝飾柱上，雕著一對難分難捨的情侶。

■右下：青銅髮簪上雕著一對愛侶。

子遊戲、舞拳、摔角、拳擊及其他運動。

魔法、巫術與催情術

練習魔法、巫術，以及庫丘摩羅（Kuchumara）所傳之技術，藉以提升自己的美貌與性吸引力，並運用催情術與刺激性成分來加強藥草與麻醉物的效用；練習手腳並用，進行傳統全身按摩術，並改以珍貴的香精油來沐浴；繪製神秘的圖案，吟誦咒語與偈頌，配戴護身符，辨別好壞預兆；練習細緻的動作，如手部微細動作等，並練習如何巧妙地掩飾與偽裝。

詩偈有言：

煙花之女入紅塵，若有天生好性情、既富美色又有才，且能兼擅技藝者，將獲交際花之名。其於男子聚會中，必能光榮獲賜座。永受國王予尊重，並受學者予歌詠；眾人皆欲親芳澤，所有人士均瞻仰。國王大臣皇室女，亦當習此諸技藝，贏得丈夫加恩寵，不懼良人妻妾多。與夫分居悲苦者，縱使孤身在異地，亦能藉此以自立。即便無處展此藝，亦能藉以添魅力。

男子精通此藝者，若善言談兼精壯，即使方得習皮毛，亦將速獲女人心。

社交男子

Man about Town

नागरकवृत्त प्रकरण

Nagarakavritta Drakarana

　　一名擁有財富的男子，不論財富是來自贈與、掠奪、租金收
入、存款或繼承遺產，都必然會成為一家之主，並過著上流
階級生活。如是之人更有學習的需要。不論其居於市鎮、首都、大
村莊，或為了謀生而選擇其他處所，皆應與富涵學養之人士為鄰。
其宅邸應毗近水源，周圍遍植花木，並依用途區隔成不同空間。為
求保有隱私，至少應分成內外兩個空間。

住處

　　宅邸內室當為女子住居之處。其外至少當備有一間薰香之屋，房
內有床，席鋪軟墊，床中央偏下方處則罩以乾淨白席；上垂華蓋，
頭腳處備有枕墊。頭部方位當設小神龕，內祀家神畫像；其旁當以
小桌承放裝有香油膏、香花、花環之瓶罐，以及眼片罐、香水罐，
以及香櫞樹皮、檳榔與檳榔葉。

　　床邊應有長榻，地上當備雕花黃銅痰盂；牆上當有弦琴一把，垂
掛象牙釘上；另備附有白紙之速記板一塊，插著筆的墨水罐一只；

■左：某一佛塔門柱上的浮
　雕情侶。

*社交男子指追求時髦，愛好時尚，並活躍於都會社交圈之男子；通常生活富裕、具有
　一定文化水準。

以及一些書，一些黃色莧菜香花編成的花環。長榻旁的地上應鋪著
嫩草編成的蓆子，及一個粗管狀的枕頭（gowtakiya）以供斜躺；骰
子板也應放在那兒。

　　房外當有鳥籠，以及供讀書、休閒、從事手工藝、紡織、針繡之
用的房間數廳。花園的樹蔭下當有鞦韆，以及綴滿鮮花、由爬藤植
物形成的涼亭，以及供歇坐之用的高壇。

■左：南帝，濕婆最忠貞可
　信的公牛友伴。
■右：濕婆的造型通常會有
　四隻手臂，其一舉持小手
　鼓（damru），其一持三
　叉戟。他耳掛大垂飾，纏
　捲的髮髻上有一蛇盤繞。

每日生活形態

　　清晨起身，完成日常盥洗動作後，一家之主當洗牙、塗抹香油
與香水、戴上裝飾品、在眼睛上下方畫上眼線，以紅色蟲膠塗拭嘴
唇，並咀嚼添加配料的檳榔葉以預防口臭。

　　又當每日沐浴並清潔腋窩；每兩日在身上
塗抹一次油膏；每三日以氛那卡（phenaka，
植物皂粉）洗一次澡；每四日整理一次髮
鬚；身體其他部位則每五至十

日清潔一次。以上動作絕不可疏忽。

又當根據查拉衍那之說法，於午前、下午及入夜後用餐。早餐之後，應撥冗教導鸚鵡等禽鳥學人說話，並觀賞鬥雞、鬥鵪鶉與鬥羊。午睡後則應先與藝師（pithamardas）、門客（vitas）、弄臣（vidushakas）們一起從事娛樂活動。然後，便該穿戴齊整，於傍晚時分出門訪友，並參與智力遊戲。晚上的娛樂當以歌唱形式進行，然後與朋友分別於特別為自己準備、已裝飾薰香之房內，等候當夜奉派侍寢的女子。他亦可派一位女性信使前往迎接，或甚至親身前去迎請。該女子來到時，男子當加以歡迎，並以溫言軟語取悅，如此這般地結束一天。

向諸神致敬

有時亦可視狀況進行其他娛樂。在屬於家神的黃道吉日中，上流階級仕紳當在薩拉瓦地（Saraswati）廟中聚會。在此聚會上，歌手的技藝與新近的到訪者均將受到查考，並於隔日領受獎賞。然後仕紳們便可加以聘僱或予以遣退——端視其技藝所受到的歡迎程度而定。不論順境逆境，上流階級仕紳們均當協同一致，他們有義務熱誠接待所有參訪該聚會的陌生人。在其他慶典中——比如依照規定，祭拜不同神祇時——亦當實行上述禮儀。

社交活動

當同齡或資質、才能、興趣、教

育程度相當的男子們與交際花*同坐，或在上流階級仕紳聚會中相聚，或在某人家中聚會，並進行合宜的交談時，就稱為同儕聚會或社交聚會。活動中的交談當為詩句聯吟，藉以測試每個人在各門藝術方面的才識。活動中最美麗、與男子一樣雅好藝術、並深深吸引眾人目光的女子，當受尊崇。

上流階級仕紳們當舉辦飲酒會。交際花則應當為此類聚會準備調酒如瑪度（madhu）、麥瑞亞（maireya，由花、果實、蜜、糖等調成的水果酒）、蘇拉（sura）和阿撒瓦（asawa）等，並為自己準備芳香水果與鹹、辣、苦、酸等各味素食佳餚，將之享用完盡。

上午著裝之後，社交男子當在交際花陪伴與僕役隨從下，騎馬遊賞花園。並當在娛樂遊戲如鬥雞、鬥鵪鶉與鬥羊，賭博、觀賞戲劇，或其他表演中度過上午時光。午膳飽足之後，當於下午返家，並帶著幾束花作為紀念品。

夏日期間，亦可在清潔而沒有危險水中生物的水井或池塘中從事水上活動，享受群浴時光。

慶祝春日

上流階級仕紳們當於春日傍晚玩骰子或博奕，在月光下享受戶外活動、散步，或依曆法所定日期舉辦聚會與慶典，向愛神致敬。他們當採集嫩葉與花朵來裝飾自己，並噴灑香水、互相丟擲迦曇波（kadamba）樹花，模擬各種逗趣的聲音和言語。

藝師

即Pithamarda，意指流浪、孤單而身無分文之人。他們在受邀表演的聚會中獻藝維生，也教導交際花相關之技藝。

門客

即Vita，是已婚而有家室之男子，曾經富有但如今失勢。其人曾為社交男子（nagaraka），儘管如今不具此身分，在上流聚會與交際花的居處中仍受崇敬。此類人士賴以維生之工作，乃為仕紳與交際花之間的聯絡者。

■ 這張頗吸引人的小畫乃十九世紀的帕哈利（Pahari）畫家所繪。

＊此處之「交際花」指舊日印度社會中之高級妓女，其地位崇高，受人尊敬。

弄臣

即vidushaka，也叫做vaihasika，是製造笑料的人物，廣受眾人信賴，且身負技藝。他們常擔任勸諫者的角色，在上流仕紳與交際花爭吵後扮演和事佬。所謂弄臣者，亦包括以接受救濟維生之上層社會人士妻子。

關於此一主題，詩偈如是說：

社交男子發言論，半採梵文半方言，言及社會各層面，將受眾人予崇敬。大眾不喜之場合，智者均不予出席，了無秩序之處所，可能傷人之場合，亦不於其中現身。若就事實以言之，凡有教養之人士，其所生活之社會，本循眾人意旨行，此一社會之喜樂，本不同於諸下僚，善受敬重於世間。

■前跨頁：社交男子時常舉辦各型音樂會、舞蹈會與歌唱表演，永遠穿著優雅，身佩珠寶，提供賓客飲品與娛樂活動。

■右：在筏蹉衍那的原典中，nayaka專指富裕而頗有文化素養的階級。

女方與信使

Nayikas and Messengers

नायकसहाय-दूतीकर्म प्रकरण

Nayakasahaya-dooti-karma Drakarana

■左：一位美麗的女子正在更衣，她的女僕則在旁協助。這位女僕很可能暗中身負信使之責，引領男子前來親自瞻仰女主角一覽無遺的魅力。

■右：一對皇室男女正輕鬆相處，含情注視著彼此。

凡各種姓男子各依其婚姻制度及社會習俗成婚，以滿足其愛欲之時，便代表其人採取了合法而名譽的方式繁衍子孫。但應留意，不得與社會階級高於己之女子成婚，亦不得與非處女者成婚——即使彼此社會階級相同亦然。反之，與階級低於自己之女子，或為其種姓階級所摒除之女子成婚，則是被允許的。而與娼妓或曾有婚前性行為之非處女成婚，則是不受讚許，亦不受禁止者。

女方類型

Nayika*可分為三種：未婚女子（kanya）；單身女子，含寡婦、為夫所棄者，亦包含離棄丈夫者（punarbhu），以及娼妓或交際花（veshya）。

＊指感情或性愛關係中的女方。

非處女之特例

　　龔尼卡普特拉認為Nayika還有第四種，是男子基於特殊原因而決定與之發生關係之非處女。所謂的「特殊原因」，可能有以下數種：

1. 該女子自願與人發生肌膚之親，並且早已與許多男子同行其事。是以與其交合猶如與娼妓行歡。雖然彼女子社會階級較高，但此歡愛行為並不致引來禍患。
2. 該女子為已婚而不貞之女，已與許多男子共行其事；與她行歡並不違反「法」。
3. 該女子已獲其夫之心，並能加以掌控。其夫富於權勢，乃吾仇敵之友；若與之別有關係，或能得其之助，離間其夫與吾仇敵之關係。
4. 該女子之丈夫，既有權勢，眼下又正懷恚於我、有意加以惡害；若與彼女發生關係，便可獲其之助，說服其夫轉變態度。
5. 與該女子建立親密關係，有助於我贏回友朋，或摧毀仇敵，或能助我完成其他困難目標。
6. 與該女子交歡，將有助於我除去其夫，橫奪其財。
7. 與該女子發生關係，將能使貧無立錐之地如我者，獲得所需財富。
8. 該女子知悉吾人所有弱點，而目前正狂戀著我。若不相從，彼將公開吾之隱私，敗壞吾人名譽；或將羅織罪名加以指控，令吾人難以辯駁，因此受害；或將使其夫毀棄與吾人之盟約，令彼與我仇敵結盟；又或者此女將投吾人仇敵之懷抱。
9. 該女子之丈夫敗壞我妻名節在先，吾人亦能以彼之道還施彼身。
10. 須藉彼女之力，以斬除國王仇敵。其人正與彼女偕同逃難之中，而王令在身，命我加以去除。
11. 吾所欲求之女，尚在該女子掌控之中，必先加以取悅，方能獲取

意中之人。

12. 該女子能助我擄獲多金貌美之女，彼女尚處於他人掌控之下，非藉該女子之力無以一親芳澤。

13. 該女子之夫為我仇敵之忠實伙伴，吾人欲藉其力毒殺其夫。

若基於上述理由或類似原因，則男子可與已婚女子有染，但必須拿捏分寸，以免受到公眾質疑。絕不可出於淫欲而與有夫之婦別有親密之行。

其他幾種Nayika

查拉衍那認為Nayika還有第五種：為某一王公大臣所資養，或偶爾與之有所來往之女子。或是寡婦為求再醮，而與某男子發生關係者。

而蘇瓦那那跋則認為，過著禁欲生活的女子與寡婦，該算成第六種Nayika。

龔他卡摩迦又認為，交際花或女僕的女兒，若尚未經驗男女之事，則可算作第七種Nayika。

龔娜迪亞認為，良好家庭之女，在到達法定適婚年齡後仍難以被男子接近追求者，是第八種Nayika。

不過，後面這四種Nayika與前四類區別不大，因為其受追求之限制因素同然。因此，在筏蹉衍那看來，Nayika只有四種：未婚女子、再醮之婦、交際花，以及男人為了特殊目的而與之發生關係的女子。

不宜接觸的女子

某些女子絕不能碰：瘋女、被逐出種姓者、長舌惡口之女、難以守密之女、過分性飢渴之女、醜惡骯髒之女，以及皮鬆肉垮、青春蕩然無存者。

同樣不能與之發生關係者尚有：近親女子、女

■右：「樹持女神」（Salabyhanjayikas）是印度常見的神像。他們總是穿著合宜，足踝、頸項、手臂均佩戴燦爛珠寶。

性朋友、陽剛女子，以及肩負神聖任務之女子，此外還包括親友、上流階級紳士與國王的妻子。

巴布拉雅有言，凡與五名以上男子發生過關係之女子，便是人人皆可狎近之女。但龔尼卡普特拉認為即使如此，若該名女子為自己的親友、上流階級紳士或國王的妻子，則應除外。

理想的信使

青梅竹馬的朋友、肩負共同任務的同志、與己聲氣相投者、同學、互相知曉彼此秘密陰私者、褓姆之子、與自己共同被撫養長大者，或家族友人之子。

如是之友，會告以真話，較不易受到誘惑，並且會站在你這邊。彼人與你關係穩固，不致貪求賄賂，不易被收買，也不會洩漏你的秘密。

查拉衍那說，一名社交男子可以跟洗衣工人、理髮師、牧牛人、

■左：此為較罕見之濕婆造像。他同時擁抱多名對他投懷送抱的仰慕者。

■右：拉德哈與克利席那這對永恆的戀人正愛擁之中，雙腿交纏。男方的撫摸動作逐漸熾熱起來，而女方則含情脈脈注視著她的男人。

花匠、藥師、檳榔葉小販、酒館主人、鐵匠、藝師、門客和弄臣及此類人等之妻為友。

若此人同為某社交男子與女方之忠實朋友，就更值得信賴，正適合擔任為戀人互傳訊息之信使。

一名信使當具備下列特質：能言善道、多才多藝且反應機敏；膽大心細；學識豐富而足智多謀；善於察言觀色；不易受到蠱惑動搖，並能應付任何狀況。

關於以上主題，將如是詩偈加以總結：

足智多謀有智慧，偕友同訪彼女者，若善推知人心意，頗識時務知進退，必將輕易獲芳心，手到擒來無所遺。

■左：陽具醒目昂揚的濕
　婆神，正站在妖魔穆雅
　拉卡（Muyalaka）背上
　大跳勇士舞（tandava，
　又譯作「亂舞」、「坦
　達瓦之舞」、「毀滅
　與重建之舞」等）。其
　背景據說乃契丹巴朗
　（Chidambaram，印
　度坦米爾納德（Tamil
　Nadu）邦中東部城
　市），傳說中的世界中
　心。無數聖賢、天神、天
　人與陰間鬼神都一齊看著
　這場舞蹈。

■右：印度人的觀點認為，
　女子之情欲與性快感都遠
　高乎男子甚多。女子若眼
　如蓮葉、細腰豐臀、雙峰
　尖挺，則能令觀者無不動
　心、為之著迷。

第二章

前戲與交合

BOOK 2 Love-play and Sexual Union

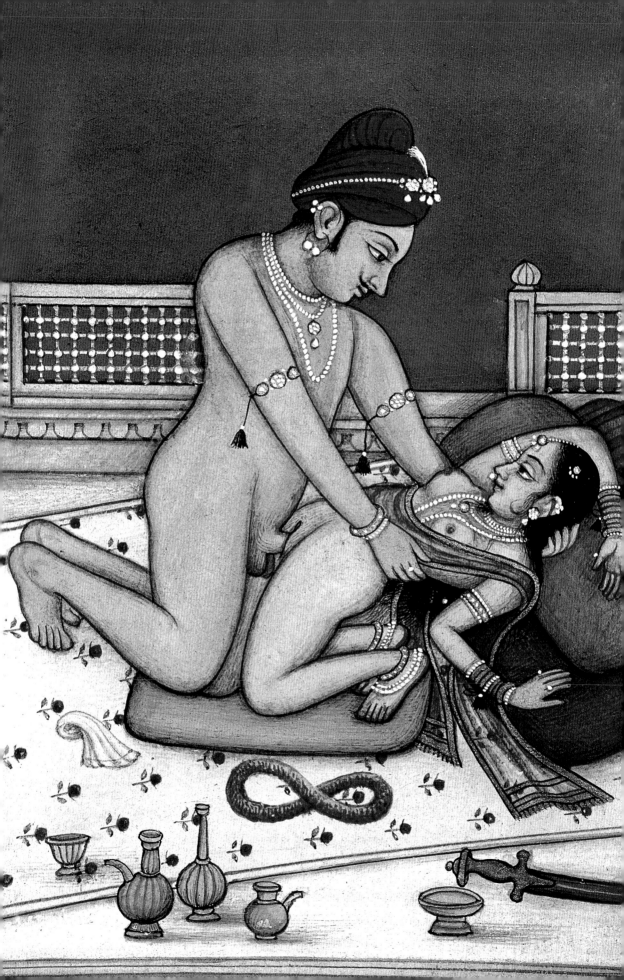

交合

Sexual Union

शास्त्रसंग्रह प्रकरण

Ratavasthapana Drakarana

男子依其陽具之大小，可分三種品級：野兔型（shasha）、公牛型（vrisha），以及種馬型（ashwa）。

女子亦可依其陰部深度，分為三種品級：雌鹿型（mrigi）、牝馬型（vadava），以及母象型（hastini）。

交合型態

男女交合之時，彼此品級有相合或不合情形，相合者共計三種，不合者共計六種（即男女品級組合共計九種）。悉如下表：

尺寸相合		尺寸不合	
男陽	女陰	男陽	女陰
野兔型	雌鹿型	野兔型	牝馬型
公牛型	牝馬型	野兔型	母象型
種馬型	母象型	公牛型	雌鹿型
		公牛型	母象型
		種馬型	雌鹿型
		種馬型	牝馬型

■在「高位交合」狀況中，母鹿型女子應躺下並張其陰部。圖中女子正低頭抬腰，採取「敞開體位」與人行歡。

　　尺寸不合之組合中，男大於女者又分兩種情形：男大於女一級者，名為「高位交合」；若男女分屬兩種極端品級，則名之曰「最高位交合」。反之，女大於男者亦分兩種情形：女大於男一級者，名為「低位交合」，若雙方分屬兩種極端品級，則名之曰「最低位交合」。

　　實際而論，則種馬型與牝馬型之結合，以及公牛型與雌鹿型之結合，均屬「高位交合」；而種馬型與雌鹿型之結合則為「最高位交合」。若就女大於男之情形而論，則母象型與公牛型、牝馬型與野兔型之結合，均屬「低位交合」；而母象型與野兔型之結合，則為「最低位交合」。

　　由上所述，可知男女合歡時，雙方尺寸上之組合，共計九種。尺寸相合者，為上上組合；雙方分屬不同極端時，為下下組合；其間幾種，則為中等組合。中等組合類型中，男大於女者，又較女大於男者為佳；因前者尚能藉技巧之助滿足女方，不至於造成傷害；若為後者，女方需求將難以獲得滿足。

情欲組合

　　男女雙方依據情欲或性欲之高低程度，亦可分為九種組合。

　　男子若於交合之時，欲望低落，精液稀少，甚或無法容忍女方熱情擁抱，是謂情欲低落之男。反之，則所謂情欲高張之男，乃指亟欲交歡者。除此二者之外，其餘既非毫無性欲，亦非興致高昂者，屬中等類型。

　　女子情欲亦可據此分為三種等級：低情欲、中情欲與高情欲。

需時長短

　　最後，就達到高潮所需時間之長短而言，男女雙方亦各可分三種類型：短時型、中時型，與長時型。據此排列組合，其樣態亦有九種。

■此為印度東岸奧里薩畫幡（Orissa pata）上的圖案，顯示著濕婆正與其妻帕瓦蒂交歡當中。濕婆手持陽具，採取所謂的「攪動春水」動作，讓陽具在女陰上旋繞。而帕瓦蒂則採取「因陀羅尼」體位：雙腿屈膝岔開，而行交歡。

然所謂「達到高潮所需時間」者，就女性而言，則尚未有定論。奧達利卡（Auddalika）有言：「女子不若男子有射精現象。男子一旦射精，情欲隨即消退；然女子縱於意識之中，確曾感知歡愉，卻難以解釋此一體驗究竟何來。男女之間，此一差異甚明。男子射精後，交合便即止息，心生滿足之感，然女子並非如此。」

不過，上述論點亦非無可議之處。男子若為長時型，則女子較樂於與其歡愛；反之，若男方為短時型，則女方較難獲得滿足。此或足以證明，女子高潮點確實存在。倘若女方達到高潮需時較久，卻於交歡過程中享受極大快感，則彼勢必希望延長交合時間，故女子高潮點之有無，仍難有定論。

關於以上主題，詩偈如是說：

得與男子同歡愛，女子情欲獲慰藉，感受快悅於其中，是謂女子得滿足。

但巴布拉雅一派主張女子亦有精液，且男女交合過程中，女子之精液自始至終不曾斷絕。該派學者認為此乃合理且必然之定律，女子若無精液，則胎兒將無以萌生故也。

針對此一見解，亦有學者抱持異議。交合之始，女方情欲尚處中等強度，無法忍受男方大力挺進。待其情欲漸次昂揚之後，則全神貫注、渾然忘我，直至獲得滿足，轉欲止息交合動作為止。

關於此一主題，詩偈如是說：

射精歡愛止，男子大滿足；女子於其間，始終得快感。雙方射精後，皆欲止其行。

筏蹉衍那則認為，女子之射精狀況則與男子相同。

快感感知

常有人不解，男女本同種，同欲達高潮，何以交合過程中，反應卻大相逕庭。筏蹉衍那認為，此乃男女之於快感、感知方式有異故也。男子本屬交合動作之施力者，女子為受力者，天性本來如此；否則，雙方角色，便應有互換之時。

正因天性本有如此差異，男女之於性愛，感知方式亦有所別。行歡之時，男子心想：「我正與此女交合」，而女子則曰：「彼男正與我交合」。

若據此而復加追問：男女於交合動作中，既分屬不同施力角色，則男女於其中所得樂受，豈非亦應有別？

事實不然。即使一方為施力者，一方為受力者，雙方動作、角色盡皆不同；但男女領會之歡樂未必有別，以其所受快感，同源於彼此共為之事故也。

關於以上主題，詩偈如是說：

男女同生又同種，所生樂受亦同然。男子應當以前戲，燃起女子之熱情，復當英勇以挺進，遂行男女之交歡。須待女方得滿足，或令雙方達高潮，男子方能止其行。

■左：若女子主動攀坐情人膝上加以擁抱，則可知該女情欲已然高漲。

■右：畫中女主角正將大腿上抬，採取「上舉」體位以行愛事。這對伴侶的交歡地點似為皇宮的屋頂，時間則為月夜。男主角正將陽具抽離女陰一段距離，再猛送而入，即所謂「進擊」姿勢也。

　　由性器尺寸、情欲高低與達到高潮之需時長短而言，男女組合情形各可分為九種，是故雙方之交合型態，一旦加以細分則難計其數。因此，男子於交合之時，均應採取合宜方式，因應當下狀況。

　　處男於首次交合之時，情欲雖高張，持久度卻較低。但於同夜續行之交合中，情狀將漸次反轉。女子適反，其於初次交合之時，情欲較低，抵達高潮所需時間較長；但於是夜續行之交合中，其熱度將逐漸上揚，登頂所需時間則漸次縮短。

　　就一般情況而論，男子之射精時點多早於女子之高潮點。

關於以上主題，詩偈如是說：

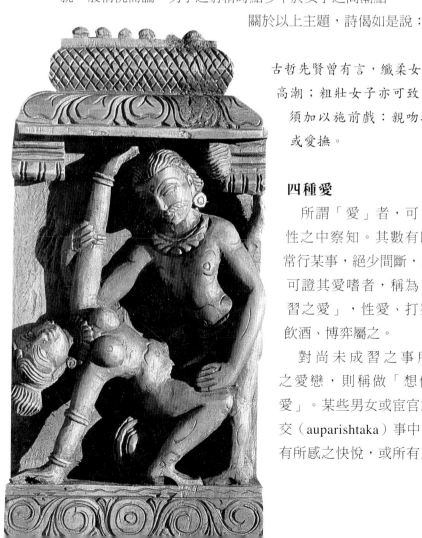

古哲先賢曾有言，纖柔女子易
高潮；粗壯女子亦可致，但
　須加以施前戲：親吻擁抱
　或愛撫。

四種愛

　　所謂「愛」者，可自人性之中察知。其數有四：常行某事，絕少間斷，由此可證其愛嗜者，稱為「玩習之愛」，性愛、打獵、飲酒、博弈屬之。

　　對尚未成習之事所生之愛戀，則稱做「想像之愛」。某些男女或宦官於口交（auparishtaka）事中，別有所感之快悅，或所有人之

■左：圖中女子宛如特技般的姿勢，不僅賞心悅目，更可使伴侶得以大力挺進、深入花叢。

■右：本圖繪者為印度拉賈斯坦人，他發揮想像力，畫了四對男女同掛馬身，身體順著馬匹前行時所造成的顛簸而上下起落，以行交歡。

於擁抱、親吻、撫摸、搔弄之時，所感受的快
悅亦屬之。

相互之間，不分彼此，此一兩情相悅、可得而
為證之愛，名為「信賴之愛」。

「因外在事物而生之愛」就是相當外顯、並廣
為世人所知之愛，因此類衍生之快悅遠勝其餘三
種之故。而此種愛也因此快悅而生。

前戲、親吻、擁抱與撫弄，能令男女雙方情欲高
張，自然而然渴望結合。此類行為可致：身、心熱
度之提升；心心相印之喜悅，並因生理之結合，
而產生愛戀；交歡之時，心靈所得到的滿足之感，
甚或滿溢之愛；生理快感與心理愛戀之雙重結合；
身心相融時所感知之性高潮；深層的愛、喜悅與靜
謐；心靈提升，超脫塵俗。

■左：一對戀人攜手行走於
　僻靜之處，相互摩擦身
　體。此一狀況中，可將對
　方緊壓於某一支撐物上，
　遂行「壓制之抱」。

■下：筏蹉衍那認為伴侶間
　應常行性愛遊戲，並藉由
　打賭拌嘴以提升情趣。

擁抱

The Embrace

अलिंगनविचार प्रकरण

Alinganavichara Drakarana

以下內容，關乎男女交合之術，即所謂愛技「六十四藝」（Chatushshashti）。或曰，其所以名為「六十四」藝者，乃含攝六十四章節之故。

巴布拉雅一派認為此一章節包括八個主題：擁抱、親吻、抓搔、輕咬、體位、呻吟、顛倒陰陽（purushayitam），以及口交。而此八項主題又各分八種方式，八八之數為六十四，故名六十四藝。

但筏蹉衍那堅持六十四藝尚包括拍打、浪語、男子於歡會時所施之動作、各種體位以及其他主題。所謂「六十四」藝者，其數值純屬偶然。

各式擁抱

巴布拉雅曾述及八種擁抱：

擁抱，乃男女肢體交會以示相互之愛也。其式有四，一如其名：

若男子藉故向前迎近女子，或從旁靠近，以其身觸碰女體，名為「觸碰之抱」。

若男女共處較隱密處，男子或坐或站，女子於其前彎腰作撿物狀，令雙乳進壓男體，而男子順勢摸其雙乳，則名為「突進之抱」。

上述兩者，僅見乎尚未能自由交談之男女間。

若男女同行漫步，於暗處、公共場所或無人之處，相互摩擦身體，名為「摩擦之抱」。

若某方強力將對方壓制於牆上、柱上，則名為「壓制之抱」。

此二者，見乎男女互知對方意圖之時。

若女子攀住男子，猶如爬行動物攀附樹上，並將男子頭部扳向自己以便親吻，同時發出低吟且深情注視，名為「纏繞之抱」。

若女子單足立於情人腳上，另一足勾住男子大腿；一手環繞其背，一手環抱其肩；口中嗯嗯低吟，上攀男身以便施吻，名為「攀木之抱」。

以上二者，見於男方為立姿之時。

若男女併躺，緊緊相擁，臂腿交纏，相互摩擦，此類擁抱可謂「芝麻混米之抱」。

若男女深深愛戀，緊密相擁，猶欲將己身嵌入彼體，不論女坐男膝，或相對而坐，或併躺於床，均可謂為「水乳交融之抱」。

以上二者，見諸交合之時。

身體單一部位之擁抱

蘇瓦那那跋另又傳授四種身體單一部位之擁抱法：

若某方以單腿或雙腿，強壓對方單腿或雙腿，即為「大腿之抱」。

若男以己體中間部位壓住女體同一

部位（jaghana），登騎女身，並以指尖搔弄，或以齒牙輕咬，或拍打，或親吻，其時女髮散亂鬆垂，則名為「私處之抱」。

若男以己胸壓擠女子雙峰，名為「胸部之抱」。

若某方以口、眼、額碰觸對方同一部位，名為「額抱」。

按摩亦屬擁抱之法，以其同為身體之接觸故也。然則筏蹉衍那以為，按摩乃特定時機施行、具有特定目的之行為，其性質與男女歡愛不同，不可以擁抱視之。

關於以上主題，詩偈復以下語闡明：

擁抱之為事，實出乎天性，世人問其事，聽聞復談論，均為求樂受。凡有擁抱法，未見本經者，若於交歡時，能有助情欲，仍應予施行。男子情欲若平平，六十四藝便當行；一旦情欲高張起，無須再論法與則。

■前跨頁：月夜之中，年輕的上流仕紳與愛侶同遊中流，並對其色誘。他的焦躁難耐明顯可見。
■左：此即「纏繞之抱」。女方宛如爬行動物繞樹般攀著男方，使情人頭部彎向自己，並加以親吻。此圖乃攝自奧瑞撒邦（Orissa）可納拉村（Konarak）太陽廟牆上的石雕。
■右：男主角以腿緊扣愛侶，企圖撫持愛侶胸部。

親吻

The Kiss

चुम्बनविकल्प प्रकरण

Chumbanavikalpa Drakarana

有人以為，擁抱、親吻、掐壓或搔弄等動作之施行，既不限特定時間，亦無順序可言。此類動作乃交歡之前戲，而拍打與呻吟則萌發於愛合之時。筏蹉衍那有言，任何時間均可能發生任何動作，因為愛欲本不受時間或規則限制。

首次歡會、親吻、搔弄……之時，動作應求平緩，且莫為時過長，更應不時輪換動作。待愛侶交往既久，雙方激情愈加熾熱，乃可將上述動作同時並施。

親吻部位

適宜親吻之處為前額、眼睛、臉頰、頸項、胸部、嘴唇及口內等。拉特（Lat）鄉間人士還親吻鼠蹊部、腋窩與肚臍。

少女之吻

少女之吻，其樣態有三：

若彼女僅以雙唇輕觸戀人之唇，而未主動施行任何動作，稱為「名義之吻」。

若親吻之際，彼女暫拋羞怯，予以回應，僅動下唇，不動上唇，則為「悸動之吻」。

■ 男方手持女方頭部與下巴，令其臉朝自己，加以親吻，即所謂「導引之吻」。而女方可能因為羞怯，而雙目緊閉。

　　若彼女子輕舐戀人之唇，閉目與之攜手交揉，名為「觸碰之吻」。

其他相關描述

　　若戀人雙唇直接相接，名為「直吻」。

　　若彼此頸項彎向對方而吻，名為「彎吻」。

　　若執持對方下巴與頭部，令其面朝自己，再加以親吻，名為「導引之吻」。

　　若於施行上述三種親吻之時，強力壓住戀人下唇，則名為「壓吻」。

　　又有名為「強壓吻」者，乃以雙指扣住對方下唇，以舌舐舐，並以唇強壓。

親吻遊戲

　　另有親吻遊戲，其勝負乃就何人先能吻住對方而定。女方若落

■左：某些後宮女子情欲難耐之時，會熱衷於相互進行陰部之口交。圖中這對女子情欲尚處中等，雙唇交接，正遂行「悸動之吻」，並互相以手探摸對方的身體。

■右：女主角頭向後仰，與愛侶共行「後仰之吻」。

敗，便應假作哭泣、嬌嗔甩手、轉身佯怒道：「再行比試，以分高下！」倘若再敗，即應扣住男方下唇，以齒輕咬，令其不至滑脫。然後哈哈大笑、取笑對方，一邊手舞足蹈、開男子的玩笑，一邊擠眉弄眼。此乃親吻之爭吵遊戲，亦可改以掐捏、搔弄、輕咬、拍打等方式進行。然而，此類遊戲僅適用於熱戀情侶。

倘若男方親吻女方上唇，女方亦順勢親吻男方下唇，則名為「上唇之吻」。

若一方含住對方雙唇，名為「緊吻」；但女子僅能與未蓄鬍者同行此事。

接吻時，若一方以舌頭碰觸對方牙齒、舌頭或上顎，名為「舌戰」。亦可以齒輕咬對方之口。

■上：此一象牙小圖上，依照時間順序雕畫著一對情侶密會的過程。前圖中，女主角伸長了身子，向情人投以鼓動之吻；因為她發現對方心有旁騖，正看著其他方向。最後他們開始輪流啜飲杯中物，而彼此情欲也已然熾熱起來。

■下：女主角攀坐情人膝上，身體前傾相倚，雙手環抱情人頸項，雙腿則夾著情人大腿，遂行所謂的「水乳交融」之抱。

■右：圖中愛侶正含情相望。雙方身體交合、意亂神馳之時，身心合而為一。

親吻的力道

親吻之力道分為四種：適度、壓迫、吸吮和輕柔，端視受吻一方之感受而定。身體不同部位適合不同強度之親吻。

若女方端詳熟睡中的男方，將之吻醒，以表情欲，名為「情挑之吻」。

若女方親吻忙碌中，或與之爭吵中、或專注於其他事物之男方，名為「轉移之吻」。

若男方晚歸後，親吻床上愛人，以表性欲，名

為「喚醒之吻」。此時女方可佯作熟睡未醒，藉以觀察男方意向，並獲得對方尊重。

親吻愛人鏡中、水中、牆上之影，稱為「意圖之吻」。

若於愛人面前親吻膝上孩童，或親吻畫像、雕像、塑像，稱為「移情之吻」。

夜間，於劇院內或同一階級男女聚會之所，若男子趨前親吻站姿女子某一手指，或坐姿女子某一腳趾；抑或女子為男子按摩時，臉貼於該男子大腿上，如入睡狀，藉以燃起男方性欲，並親吻其大腿或腳趾，名為「訴情之吻」。

關於此一主題，詩偈如是說：

　　無論對汝行何事，汝當以其道還施；回吻以報其親吻，回擊以報其拍擊。

掐捏與指痕

Pressing and Nail Marks

नखरदनजाति प्रकरण

Nakharadanajati Drakarana

當愛欲高張，會以指甲掐抓對方身體，如以下情形：首次交歡時、旅途初始或方自旅途中歸返時、戀人方息怒時，或女子亢奮時。

然而，「以指甲緊掐」一事並非尋常可見，僅見於情欲高張、性欲滿溢者。此類動作通常將伴隨著齒咬，得在對方同意之下施行。

情欲高張而亟欲全然享受此等愛戲者，應修剪左手指甲，呈起伏之波浪狀或鋒利之鋸齒狀。情欲若屬中等強度，應令指甲尖如鳥喙；情欲若為低落，則應將指甲修剪成新月狀。

可以指甲掐壓之部位有：腋窩、頸項、胸部、軀幹中央部位或大腿。但蘇瓦那那跋以為，若於情欲迸發之時，所掐部位無所限制。

指甲品質若屬良好，則應光亮、修整合宜、乾淨、完整、形狀微凸而觸感平滑，表面並能散發光澤。

指甲依其大小可分三種：

長指甲：能令手形優美高雅，散發吸引女性之魅力；乃孟加拉人士之特徵。

短指甲：可以各類方式加以施用，唯僅能用以增添情趣；常見乎南方人士。

中指甲：同時具備上述兩類特質，乃是摩哈拉席特拉

■圖中男子五指內扣成中空之形，置於情人雙乳之間。雙方身體頗為放鬆，顯示熾熱情欲方才起始，其後將繼之以滿空雲雨。

■左上：情欲灼升之時，可
　用指甲緊掐對方或在對方
　身上留下印痕。胸部上可
　能出現的特殊印痕，有所
　謂的半月、虎爪或野兔之
　躍。

■左下：女主角頭髮鬆垂，
　嬌媚地害羞轉身，避開男
　方情欲高漲的求歡與擁抱
　動作。

■上：若女子情欲未得滿
　足，而對方卻已因交合而
　筋疲力竭，則她應令男方
　下躺，自己扮演主動角
　色，以行愛事。

（Maharashtra）人士特徵。

指掐愛痕

指甲緊掐類型可分八種，端視其所留掐印而定：

若輕掐對方下巴、胸部、下唇或軀幹中間部位，未留任何印記痕跡，只令指甲輕輕作聲，且對方毛髮直豎者，名為「聲之指掐」或「指掐」。此見諸男子為年輕女伴按摩、搔其首，欲加責罵或威嚇之時。

若以指甲掐頸背或胸部，可留深刻凹痕猶如「半月」。

若將「半月」型掐痕兩兩相對，則成「圓圈」之形。此類掐痕通常見諸肚臍、臀部上方小凹陷處，以及鼠蹊部。

如短線般的掐痕，可見於身體各個部位者，名為「線痕」。

若於胸部留下彎曲線段，則名為「虎爪」。

而所謂「孔雀之爪」者，乃採拇指在下、四指在上方式，溫和反覆擰掐乳頭之後所成。所有女子都渴望獲得此一掐痕，因為它能帶給女方極大的歡愉，但此法須以極高技巧為之。

若五指掐痕齊聚乳頭周圍，名為「野兔之躍」。

見於胸、臀部位之掐痕，形如藍色蓮花之葉者，名為「藍蓮葉」。

若因即將遠行，而於情人大腿或胸部上留下三、四道距離極近之線痕，名曰「勿忘我」。

以上乃為指甲所成之痕。除此之外，指痕尚有多種，指痕並非皆關乎愛情之故，其總數亦無人能予以計量。對此，筏磋衍那解釋道，情愛之中，人人所需各異，是以其

■圖中女子一腳踩在情人腳上，另一腳環勾情人大腿；一手環抱情人背脊，另一手環勾情人肩膀，上攀以親吻男方，遂行所謂的「攀木」之吻。

　　所留下的有形表徵亦各別相異。因此，善於此道之青樓女子，均能
門庭若市。

　　不可於有夫之婦之身留下指痕，若欲作為紀念或增強愛意，則可
於彼私密之處留下特殊掐痕。

　　就以上主題，詩偈如是說：

　　女子於己私密處，見指甲印生歡喜；舊痕將消逸，此愛永不移。
若無指印作紀念，如同長時未交歡，其愛終將漸消弭。

　　縱使美女胸有痕，年輕男子偶見之，無不欣求該女子。

　　男子身上留痕者，不論抓痕或齒跡，亦能挑動女子心，縱使痕跡
新亦深。一言以蔽之，能增愛意者，莫如掐咬時，所留之印記。

■左：圖中男女緊緊相擁，
　彷彿要把對方掐進自己體
　內。女方採取所謂的「半
　壓體位」，一腿伸直，另
　一腿則屈起。
■右：圖中男女興味盎然、
　頗富韻律地齊奏愛曲，身
　體也隨之擺盪。

輕咬

The Bite

दशनच्छेद्यविधि प्रकरण

Dashandchhedyavidhi Drakarana

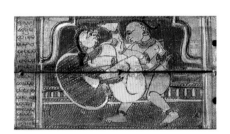

凡可親吻之部位，即可加以輕咬，唯上唇、口腔、眼睛除外。所謂優質牙齒，必須大小均等、色澤美麗、能被上色、排列整齊、完整無缺，同時齒端鋒利。反之，所謂劣質牙齒者，即齒端不鋒、形狀粗糙、質地脆弱、形體過大、歪七扭八或向外暴突。

健康的咬法

假若牙齒狀況良好，情侶間便可採取下列咬法：

不留齒痕，僅由膚上所留紅暈得徵者，名為「隱藏之咬」。

倘若齒痕分布於所咬區域相對兩側者，名為「紅腫之咬」。

若僅以上下兩顆牙齒輕咬膚上極小區域，名為「小點之咬」。

若以全部牙齒咬膚上極小區域，名為「虛線之咬」。

若唇齒並用，共行輕咬，即所謂的「珊瑚寶石」：嘴唇即珊瑚，牙齒即寶石。

若以所有牙齒進行輕咬，則名為「寶石成串」。

倘若所咬部位為胸部，復因齒間空隙不整之故，留下錯落之咬痕，則名為「碎雲之咬」。

在胸、肩部位輕咬，留下密集、大片且紅腫之咬痕，則名為「公豬之咬」。

■戈納勒克（Konarak）廟牆上的浮雕。圖中男女呈現了標準的「懸吊體位」。男方靠在牆上，以手托住女方臀部，陽具由下而上進入女體；而女方雙手環住男方頸項，雙腿跨在男方腰際、雙腳踩在牆上，身體上下位移。

最後兩種咬法，乃情欲熾盛者所行。

各地區女性喜愛的咬法

戀愛時，倘若女方允准，則男方應常於女體各部位加以輕咬。

居於貢嘎（Ganga）與雅姆納（Yamuna）中間區域之女子，不喜
搯捏、指搔與齒咬。

巴希卡（Balhika）與巴盧其斯坦（Baluchistan）地區的女子則鍾
情於拍打。

摩哈拉席特拉（Moharashtrian）女子尤好六十四藝，其女子於享
受該等技術時，會發低吟與喉聲，亦喜對方同以低吟與喉聲回應。
帕特納（Patna，即今之帕塔利普特拉〔Pataliputra〕）女子亦然，
但僅於私下表達此類偏好。

德拉維達（Dravida）與塔米納度（Tamil Nadu）女子性愛動作徐
緩，並於摩擦與搯捏過程中，出現少量射精現象。

瓦那瓦席（Vanavasi）女子喜好種種前戲動作，包括在膚上留下

■左：女子等待男方之時，
男方則從她背後偷偷加以
擁抱，把玩其胸，嚇女方
一跳。
■右：圖中男子把玩愛侶胸
部，彷彿正予以威逼。女
方則雙手上舉，顯得絲毫
無抵抗之意。

各式印痕，以及以粗野髒話互詈。

阿凡提（Avanti）女子不喜親吻、亦不喜身留指痕齒印，卻好行各式交歡動作。

瑪瓦（Malwa）女子喜好擁抱與親吻，尤鍾情於拍打。

阿布席拉（Abhira）與普尼亞（Punjab）女子喜好口交。

阿帕藍塔（Aparanta）女子非常熱情。

拉特（Lat）女子性欲旺盛，喜在交歡過程中時發喘息聲。

史提拉賈（Stri Rajya）與科席拉（Koshala）、奧德（Oudh）女子習性相近，有大量射精現象，甚而特意服藥以促生此一現象。

安德拉（Andhra）女子天生軀體柔軟，喜好性愛及挑逗之樂。

高達（Gauda）女子身體柔軟且嗓音甜美。

交歡之始，應於擁抱、親吻、掐捏諸行中，選取能引雙方情欲者，加以實施；完事之後，則應實施其中具有娛樂性質者。

■左：交歡時，如果女方旋扭陰部於男體之上，便是「陀螺」體位，此舉能帶來強烈快感。此一體位須經練習方可實施，且需要動作靈巧、身體富有彈性。

■下：所謂的「孔雀之爪」印痕者，乃採拇指在下、四指在上方式，溫和反覆擰掐乳頭之後所成。所有女子都渴望獲得此一掐痕，因為它能帶給女方極大的歡愉。

關於以上主題，詩偈如是說：

若男狠咬女，女應發怒加倍還。點咬還以虛線咬，虛線還以碎雲咬。倘若過分受痛楚，女子即應以愛語，薄面含嗔令彼知。此時女應抓男髮，扳低其首趨於己，然後親吻其上唇。並於其後歡暢時，闔目遍咬男子身。縱使於日間，位於公開處，男向女展示，女所留印記，女子得見後，便應面含笑，側首表不滿，猶如欲喝責。並且以怒目，回示身上痕，彼男所留者。若能為彼此，施行所好事，愛情將恆久，情意度百年。

■圖中男主角將女主角緊擁
入懷，渴慕獲得一吻。

性能力及其強度

Sexual Vigor and Intensity

सवेशनप्रकार प्रकरण

Samveshanaprakara Drakarana

在男方尺寸較大之「高位交合」狀況下，女方尺寸若屬雌鹿等級者，應躺下並開張陰戶；而在女方尺寸較大之「低位交合」狀況下，女方尺寸若屬母象等級者，則應緊縮陰戶。若雙方旗鼓相當，女方可採行自然舒服之姿勢。尺寸為牝馬等級之女，亦可依此原則進行交歡動作。於低位交狀況下，女方應另藉假陽具之助，以便加速情欲之滿足。

各種體位

　　雌鹿型女子，可採行下列方式躺下：

　　頭部放低，腰部抬起，採取「敞開體位」。而男方則可塗抹潤滑劑於陽具之上，以便順利進入女體。

　　女方亦可抬起大腿並張開，採取「大開體位」以進行性愛動作。

　　若女方雙腿往身體兩側岔開，左右腿均屈膝令大小腿相疊，則為「因陀羅尼體位」（Indrani）。此種體位須經練習方可實施。

　　若男女雙方兩腿均伸直並相互交纏，則為「交纏體位」。此種體位又分兩種：「體側型」與「仰臥型」。採取體側型時，男方應左臥側躺，女方則右臥側躺；此一姿勢可用於與任何類型女子歡愛時。

　　交纏體位適用於低位交合之情形，並搭配下壓體位、交纏體位或牝馬型體位（下詳）實施。

　　以交纏體位進行性愛動作時，若女方大腿頂壓向男方，則為「頂壓體位」。

　　若女方將一隻大腿橫踞男方大腿上，則為「盤踞體位」。

　　若男方陽具進入女體後，女方將陰戶緊縮，則為「牝馬型體位」。此種體位須經練習方可實施，常為安德拉女子所使用。

　　以上均屬雙方臥姿歡愛時之可行體位，乃授自巴布拉雅。此外，蘇瓦那那跋又增補了以下體位：

　　女方將雙腿往上舉起的「上舉體位」。若她將雙腿抬起，放在男方肩膀上，則變成「大開體位」。

　　若男方俯身將女方雙腿壓在自己胸前，則為「下壓體位」。若女方只伸直單腿，則為「半壓體位」。

　　若女方將一腿放在男方肩上，並將另一腿伸直，稍後再將兩腿姿勢交換，如此輪番換腿的姿勢，則為「裂竹體位」。

　　若女方將一腿環住男方頭部，另一腿伸直，則為「釘駐體位」，須經練習方可實施。

■ 前跨頁：女子採取「上舉」體位，以迎合愛侶巨大的陽具。此體位適用於男方為公牛型尺寸，而女方尺寸較小時。

■ 右：一旦愛情之輪開始旋轉，則所有的愛意行為、情欲動作都將隨機發生，千變萬化，猶如夢境。

若女方兩腿上縮，置於上腹位置，則為「螃蟹體位」。

若女方大腿上舉並交疊，則為「夾塞體位」。

若女方將小腿交疊，則為「蓮花體位」。

性愛過程中，若男方於女體上旋繞轉動，但女方仍一直抱住男方背部，則為「旋繞體位」。此種姿勢須經練習方可實施。

蘇瓦那那跋建議在水中練習各種臥姿、站姿或坐姿體位，會比較容易進入狀況。但筏蹉衍那認為，如此會違法印度教法規的規定。

若男女相倚，靠牆以站姿行其事，稱為「撐持體位」。

若男方靠在牆上，以手托住女方臀部，陽具由下往上進入女體；而女方雙手環住男方頸項，雙腿跨在男方腰際、雙腳踩在牆上，身體上下位移，則稱為「懸吊體位」。

若女方彎腰觸地如四足之獸，而男方趴在女體上，從後方進入，猶如公牛交配之狀，則稱為「母牛之合」。上述方式亦可調整為「狗交」、「羊合」、「貓配」、「鹿壘」、「虎跳」、「象壓」、「豬摩」、「驢（或馬）騎」等姿勢，這些不同的名稱，各代表該姿勢在動作上的變化；進行此類體位時，應當模仿該名稱動物之動作而行。

若一男同時與兩女性交，而這兩名女子皆以同等之熱情愛著這名男子，則稱為「聯交」。若一男同時與多名女子性交，則稱為「群牛之交」。此外，如象交（一頭公象同時與許多母象交

配，據說只在水中進行）；以及群羊之交、群鹿之交等，亦皆仿照該動物之交配情形而得名。

在葛拉瑪納利（Gramanari）、納迦帕哈利德許（Naga Pahari Desh）等北部山區，以及史特里蘭吉雅（Stri Ranjya，女人國），男子得與有夫之婦行歡，不僅可輪流與之性交，亦可多名男子同時與之歡愛：可能其中一個抱著她，另一個進入她，第三個讓她口交，而第四個抱著她的軀幹部位；如此輪流享受這名女子身體各部位。

上述幾種情況也可能發生在許多男子與一名交際花同處一室、許多交際花同侍一名男子，或後宮女子們巧獲一名男子時。除此之外，南方人還會進行肛交。

以上乃種種性交方式之介紹。關於此一主題，詩偈如是說：

　　心靈手巧者，能由各體位，模仿眾鳥獸，復生各類姿。種種歡愛式，端視流行風，或依個人好，選擇以施行。男子所施者，於彼女子心，將生差等愛。或者成情愛，或者成友誼，或受女敬重。

■英俊的王子進入後宮，與六名特選的宮妃進行「群牛之交」。他分別以雙手將其中兩名宮妃抱坐自己大腿上，其他宮妃則在旁等候輪替的時機。

拍打與呻吟

Striking and Spontaneous Sounds

प्रहणनसीत्कार प्रकर

Drahananasitkara Drakarana

由某一角度觀之，性愛動作其實頗類近於戰鬥。人們尤喜於戀人身上拍打的部位有：肩膀、雙乳之間、背部、下腹部與臀部兩側。

拍打有四種手勢：用手背、五指內縮與手背形成碗狀者、握拳，以及手掌。

由於拍打會造成一定程度的痛感，所以會令人不由自主地發出一些聲音，如噴氣聲（sitkrita），以及其他近乎狂喜呢喃之聲，如鼻哼（hinkara）、喉音（stanita）、低吟聲（koojita）、嗚咽聲（rudita）、喘氣聲（sutkrita）、喃喃聲（dutkrita），以及如同大蛇吐氣般的聲音（futkrita）。

此外，人們還可能會喊出一些字眼如媽呀、天哪，以及其他表示滿足、痛楚、讚嘆的聲音，或者發出所謂的鴿叫、鵑啼、鸚語、蜂鳴或雀噪等聲音。

拍打方式

若女方坐在男方大腿上，則男方應先拍打女方背部；此時女方應當嬌呼，並於發出低吟聲之同時，彷彿嗔惱般地罵這名男子。雙方性器交合時，應先徐緩地相互愛撫對方雙乳中間的地帶，然後慢慢

■ 圖中兩名男子盡情地愛撫、揉拍著其愛侶的胸部，而一名僕人則在旁興奮地看著這一切。

增強力道。此時，自然而然會輪流或隨意地發出鼻哼以及其他呻吟聲。

　　若男方以手掌拍打女方頭部，此一動作稱為「普拉斯利塔卡」（prasritaka）。女方被拍打時應該發出低吟，並在性愛完成之後發出嘆息或嗚咽聲。

　　還有一種較新的呻吟法稱為「法塔昆」（phatakum），乃發出法（phat，塞音）這個字的字音，其聲彷彿竹枝裂開或物體落水一般。只要雙方開始進行前戲動作，女方便可發出吐氣聲。

　　快感增強時，她應該叫喊出某些字眼，以表達滿足之感，亦可發出嘆息聲，或喉音，或咯咯聲。高潮將近時，男方當掐抓女方胸部、體中與體側部位，視時機施加此類身體刺激。

　　關於以上主題，有詩偈兩首如下：

■ 圖中女子展示了非凡的身體柔軟度。她頭頂著地，雙腿岔開成V字形，雙手同時各握著男主角兩名僕人的陽具。

所謂男性者，粗魯又衝動，天性本如此；所謂女子者，柔弱敏感易鬱怒，亦為其天性。

情欲衝動力，以及性怪癖，能令正常人，施行殊異事。此無足為怪，其行將不久，一旦歡愛畢，本性自然復。

個人癖好

拍打的四種方式中，可能還會伴隨著幾種動作：手掌在雙乳間作楔子狀、在頭上作剪鉗狀、在臉頰上以指戳刺，以及在雙乳上或雙乳側作鉗夾動作。但以上幾種特殊的手部動作並不常見，僅見於南方人士。

上述動作可能會在女方身上留下印痕。筏磋衍那認為，這些動作有時會把人弄痛，顯得太過粗暴或拙劣，不一定值得仿效。此外，從事性愛時，還應當戒除個人的一些壞習慣，且不可做出太過分的動作。

關於以上主題，詩偈如是說：

歡愛之姿勢，其數難列舉，亦無有定規。一旦行歡愛，雙方當隨順，情欲之發展，遂行諸姿勢。

此類歡愛姿勢，種種撫弄手勢，以及歡愛動作，能於交歡之時，提升情欲刺激。其之無定規，猶如夢境般，變化無規則。

若有馬奔馳，至第五階段，其將脫韁去，盲目自馳騁，無視路途上，陷阱與壕溝，甚至有樁柱；男女歡愛時，其行亦如是，盲目隨情欲，衝動不能止。

習曉愛經之君子，遂行歡愛事之時，應視己長及己短，以及己所好方式，權衡女方所長者，以共行此樂事。

種種歡愛姿勢，並非不限時機，亦非人人可用，當因時地制宜。

顛倒陰陽

Donning the Male Role

पुरुषायित प्रकरण

Durushayita Drakarana

當女方一直得不到滿足，而男方卻已疲憊時，女方應在男方同意之下，讓男方躺下，由自己來扮演男性角色，採取主動姿勢，繼續性愛動作。此種姿勢亦可用以滿足男方或女方個人的嘗新欲望。

　　此一姿勢有兩種做法。其一，是在歡愛過程當中，女方一面持續性愛動作，一面將男方反轉過來，變為女上男下的體位，但其間不影響交歡動作之持續。其二，女方從一開始就採取女上男下的體位，此時女方狀態將是：髮間花飾鬆垂，面帶微笑，伴以劇烈呼吸，並以雙乳緊壓男方胸膛，不時將頭低向男方，一如男上女下體位時，男方習行之動作。同時她還要回應男方的喘息，並逗弄男方說：「之前你都讓我居下位，讓我因狂烈的動作而疲憊不堪；現在要換成你居下位。」然後，她仍要表現出很害羞、疲憊，不想從事性愛動作的樣子。

取悅女方

　　當女方躺在男方床上，專注於交談之中時，男方應輕輕將女方內衣鬆開，此時若她企圖抗拒，男方應以親吻來克服。待陽具堅挺之後，男方應觸摸、並輕柔撫弄女體各部位。若女方很害羞，而這又

■若如圖中女子般主導性愛過程，坐在男子下身之上，與之歡愛，即所謂「顛倒陰陽」之交歡方式。

是雙方的第一次交歡，則女方可能會夾緊雙腿，此時男方應將手放
入女方大腿之間。

　　若女方為年輕女子，可能會以雙手護胸，此時男方應先將手放在
她胸部上、腋窩下與脖子上，待女方較為適應放鬆，男方就可以採
取雙方同意且合適的動作。接著男方應抓住女方頭髮，讓她仰朝自
己，然後加以親吻。此時，年輕的女子可能會害羞地閉上眼睛，但
男方仍應揣摩其心意，以適當的動作取悅她。

　　對此，蘇瓦那那跋說，男方在性愛過程中採取自己偏好的動作
時，要記得以陽具摩擦女方陰部，如是而為之後，即使她仍默不作
聲，卻一定可以從她滾動的眼珠察知她的歡喜；而後，她便可以得
到全然的滿足。這是蘇瓦那那跋的經驗之談，因為女性在性愛過程
中經常是安靜而不作聲的。

　　女性的歡愉與滿足，從她們身體的放鬆最容易察覺：她們會閉
上眼睛，並想讓彼此的性器更加緊密接合。假若她們尚未得到足夠
的快感和滿足，則會顯現出下列徵候：搖動身體、不讓男方起身、
神情低落、咬對方的身體、加以踢打，或在男方射精之後仍繼續迎
送著身體。碰到此類情形，男方應於事前先以手與手指摩挲女方陰
部，等她陰部濕潤並開始顫抖之後，才將陽具送入。

■左：圖中男女姿勢頗不尋
　常，卻相當有趣。女方雙
　腿朝天上舉，男方則以雙
　手環抱女方大腿，以維持
　平衡。
■右：這幅圓形的迦尼發
　（ganjifas，遊戲牌）上
　面，繪著一對愛戲當中的
　年輕情侶。

性器接合之動作

　　將陽具送入陰戶的動作亦有多種，分述如下：

　　若將陽具直接送入，且交合順利，名之為「直搗黃龍」。

　　若先以手握住陽具，在女陰外旋繞摩擦，則名之為「攪動春水」。

　　若讓女陰位置低放，先以陽具抵觸女陰上部，則名之為「突刺」。

　　若是抵觸女陰下部，名之為「摩擦」。

　　若以陽具緊壓女陰一段時間，名之為「擠壓」。

　　若陽具抽離女陰一段距離後，又猛然送入，則名為「進擊」。

　　若性愛過程中只摩擦到女陰的某個部位，稱為「野豬進擊」。

　　若女陰上下部位都得以被摩擦到，則稱為「公牛進擊」。

　　若陽具在陰戶中持續抽送而不離女體，稱為「雀行」。此類動作發生於性愛動作之最後階段。

　　除了上述動作之外，當女方採取上位姿勢時，尚可運用下列動作：

　　女方以陰部迎向陽具，令其深入體內，稱為「雙鉗」。

　　交歡時，女方旋扭陰部，名為「陀螺」。此種動作需先經過練習方可實施。

　　男方抬起腰部，女方旋扭下體，稱為「搖擺」。

　　若女方感到疲憊，則應以前額靠住男方前額，但不影響彼此性愛動作之進行。待女方休息足夠，則男方應反轉彼此體位，續行性愛動作。

關於以上主題，詩偈如是說：

縱使女方靜且冷，喜或未喜不表露，當其採取上位時，彼之愛欲無所遁。

應從女方動作中，體察其性與所好，找出方法令滿足。

月事之中，或剛分娩，及肥碩女，莫採上位。

■前跨頁：男子中亦有好著女裝，且談吐、笑聲、行止以及溫柔婉約之特質亦悉如女子。他們依女子最流行的髮型結辮，模仿女子說話的口吻。此等人多以口或後庭服務男客，並藉此維生。

■女子被熱情沖昏頭時，會一反本性，扮演男性角色，對情人加以掌摑、鞭打或與之打打鬧鬧。

口交
Oral Congress

औपरिष्टक प्रकरण

Auparishtaka Drakarana

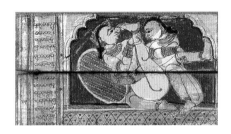

除了男女兩性之外，世上還有第三性（tritia-prakriti）存在，其又分為兩種：外表仍表現出男性特質之男子，以及狀若女子的男性。後者在外表上天生就顯得格外女性化，其服裝、談吐、姿態，以及柔弱、膽怯、溫柔與害羞之個性，均顯現女性特質。

亦有人喜好以口舌遂行原本施於女性身上之性愛動作，即所謂口交者。此類人士透過口交動作，以想像方式獲得滿足，並以此一技術維生。其多從事按摩師一職。

第三性

某些男子會將個人欲望隱藏起來，想發洩性欲時，則藉著按摩的工作來加以偷渡。在職業的掩護下，具有此一傾向之男子會抱住男性客戶，靠近對方大腿，然後觸碰他的關節、大腿、軀體與性器官。接著，倘若對方呈現勃起現象，他就會將其陽具握住，調笑對方此一生理反應。在此之後，縱使對方並未鼓勵他繼續採取行動，但他已察知對方燃起之性欲，則將繼續動作，並為其口交。倘若對方主動令其口交，則他將先假意與之爭執，但終將順從照辦。

在此類狀況中，該按摩師會在對方陽具上，依序施以下列八個動作：唇觸（nimitam）、側咬（parshwatodashtam）、

■圖中男女正在進行名為 kakila的高難度動作，他們頭尾相對躺下，對著彼此的性器官與後庭，進行刺激的口交動作。

外壓（bahihsandamsha）、內壓（antahsandamsha）、親吻（chumbitakam）、舔舐（parimrishtakam）、吸吮（amrachushitakam）、吞吐（sangara）。

在實施上述任一動作之後，他都會稍停一下，好讓對方的欲望更加熾盛，令其渴望得到更進一步的滿足；然後他便回應對方之懇求，而對方則已完全為欲火掌控，難以自拔。

以下分述可在陽具上施行之各種動作：

將陽具握在手中，以雙唇含住，加以擺弄。

五指握住陽具根部，以唇齒咬其莖部。

若對方要求繼續完成動作，則緊閉雙唇，壓迫陽具根部，彷彿欲將之拔起一般。

若對方仍希望繼續下去，則將陽具放入口內，以雙唇加以擠壓，再拔出來。

握住陽具，加以撫弄，然後以親吻下唇的方式，來對待此一勃起陽物。

在上述動作後，再以舌頭遍舔陽具，並從頭部到尾端，一氣呵成地舔劃而下。接著將陽具前半部含入口內，加以親吻吸吮。

最後，在對方要求下，將整根陽具含入口中，彷彿要將之吞沒似的，吮弄到對方射精為止。

拍打、抓搔等動作，亦可運用在此類口交過程中。

淫亂不貞之女子、女侍或女僕，以及從事按摩業之未婚女子，亦可能為男子施行口交之術。

口交是否可行？

阿闍梨（Acharyas，指大教授師）們認為口交是不當的性行為，因為它違反了聖典的規定，此外，男性陽具還可能因為年輕女子與女人所施予之口交而受傷。但筏蹉衍那說，聖典並未禁止娼妓、男子或女子進行口交，法條上只禁止已婚女子進行口交動作。此外，陽具的外傷並不難治癒。

他更進一步說，在愛欲關係中，人們應各依其風俗與偏好進行性

■上：此圖所示，乃kakila體位之變化型態。進行此動作時，女方需要極高的柔軟度，比如圖中女子便讓男子將其雙腿岔開，以便更行深入。

■右：一男與多女交歡之情景。若彼諸男女相互愛悅，並皆喜愛群體交歡，便可行此「群牛之交」。

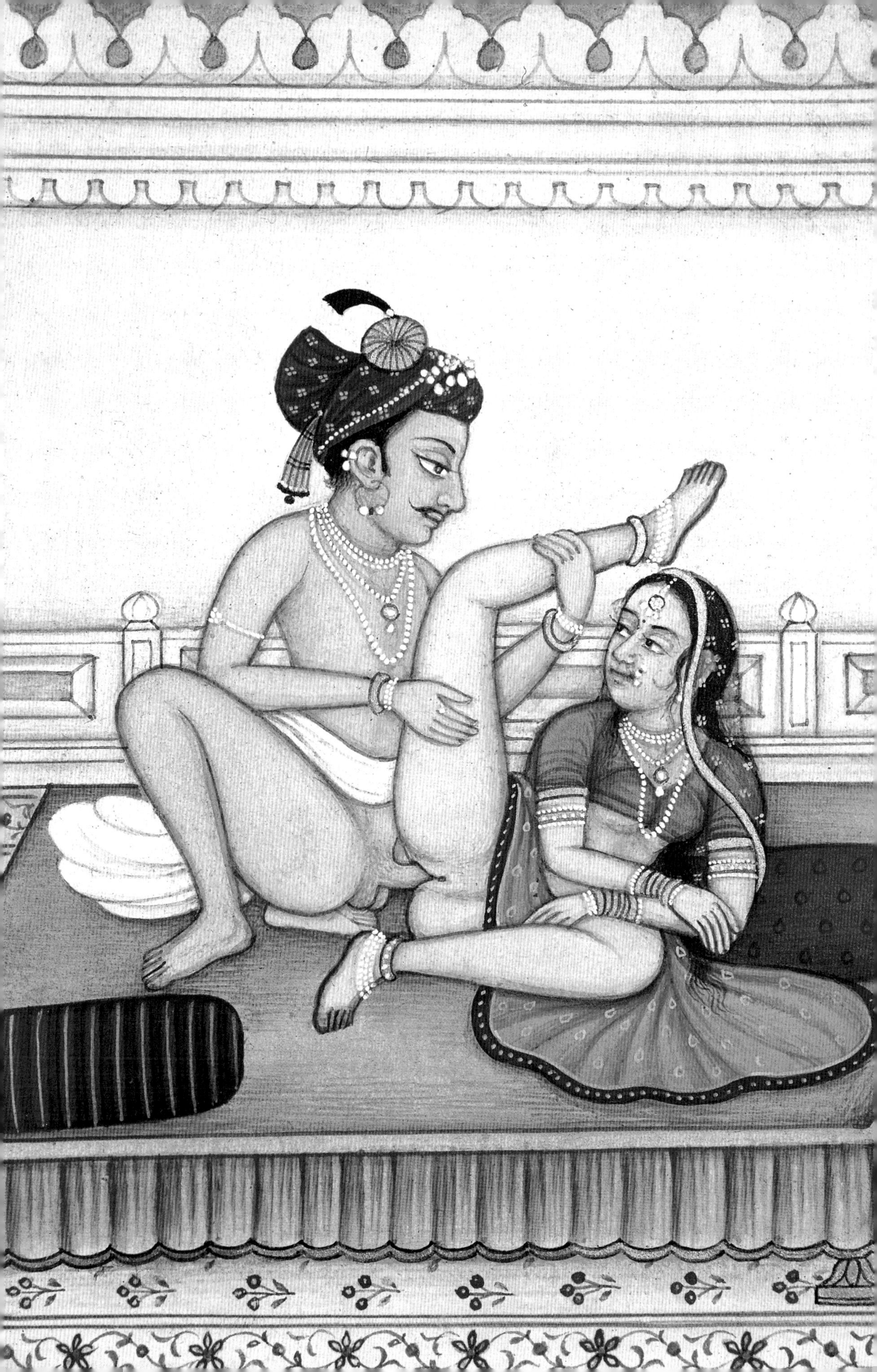

愛動作。他贊同仕紳之間對此一主題各自抱持不同看法，並認為經文內容可以隨各人的詮釋，各自表述。

關於此一主題，詩偈如是說：

亦有為僕者，雖同為男性，亦為男主人施行口交術。親密同儕間，亦常互為之。後宮女子若眾多，彼此亦鍾愛此術，互相施行於私處。好女色之男，亦有樂此道者，常欲彼女子，為其施此術。若為女方施口交，其法近於親吻術。

女子為男施此術，是謂平常不稀奇；女子互相為此者，方可謂之不尋常。年輕按摩師，常戴耳飾者，常與其朋友，以及他男子，共同行口交。年輕男演員，及求時髦者，亦常讓老者，及易陽痿者，為其行口交。

此術亦見熟人間。女性化男子，好與同類人，一同側躺而反向，互相為此術。男女歡愛時，亦可為此術，彼此居反向，頭對尾，尾對頭，是名kakila。男子互口交，女子互行此，亦名kakila。

關於此一主題，詩偈總結如下：

亦有交際花，為享口交樂，而棄聰慧又慷慨，品行高尚之男子。反投卑下人懷抱，例如御象之賤役。

須向博學婆羅門，或政府長官，或有好名者，求教口交術。因為聖典雖允許，卻無理由如是行。事實汝當知，唯於特殊時，方得行此術。

相關人地時，應有所考慮。衡量人天性，及心中良知，方得行此術，於適當時地。或者即戒除。

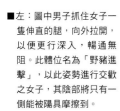

■左：圖中男子抓住女子一隻伸直的腿，向外拉開，以便更行深入，暢通無阻。此體位名為「野豬進擊」，以此姿勢進行交歡之女子，其陰部將只有一側能被陽具摩擦到。

■右：某些情欲高漲之單身女子頗喜互相刺激陰部。圖中可見一名較有經驗的女子，正以一根潤滑過的假陽具刺激對方陰部。

性愛之始與終

Beginning and End of Congress

रतारम्भावसानिक प्रकरण

Ratarambhavasanika Drakarana

性愛應於「交歡室」中進行，那是一間以鮮花裝飾、灑滿香水的房間，男方當在友伴與僕從陪同下進入，而女方則沐浴著裝後方可入內，碰面後，男方應表示自己接受這名女子。

前戲

邀請女方隨意取用點心飲料之後，男方應使女方坐在自己左側。輕抓她的頭髮，觸碰她的衣角，然後將身體轉向她，伸出右手輕輕地加以擁抱。彼此可以輕聲隨意聊天，還可以講一些調戲而私密的話。也可以輕歌慢舞、演奏樂器、談論藝術，並且互相勸酒。

令女方心裡充滿愛意與情欲之後，男方應以鮮花、香水、檳榔葉打發友伴離開。以上即為前戲之序幕。

歡愛之後

性愛完成之後，雙方應溫和有禮地分開，目光不相接觸，各自前去沐浴。沐浴後，雙方分別坐下，一起嚼食檳榔葉，然後，男方要為女體抹上純淨的檀香膏。在溫柔擁抱她之後，男方要把杯子湊到女方唇邊，鼓勵她在自己的服侍下啜飲杯中飲料。他們可以吃些糖果蜜餞，喝點湯或新鮮果汁，亦可飲用芒果汁；還可以吃點肉，喝

■這幅小畫約十九世紀初作於拉賈斯坦邦的席諾希（Sirohi）鎮，屬於一系列情色畫作中的一部分。

點加糖的香橼樹粹取汁，或其他任何純淨清淡的甜食。

他們還可以坐在男方宅第陽台上賞月，談些愉快的話題。其間，女方可以躺在男方腿上，仰視月色，此時男方則應為其指出天上星辰的位置，例如清晨之金星、北極星以及北斗七星等。

歡愛之別

若雙方關係已如老夫老妻，很難燃起情欲；或是其中一方剛從長途旅程中疲憊歸來，或是彼此才剛吵完架，則可以等稍後有欲望時，再進行歡愛，不論間隔多久。

若彼此的情愛尚處於萌芽階段，其交合稱為「情挑之合」。

若男方以包含親吻與擁抱等之六十四藝施於愛侶身上；或是彼此各有伴侶而一時苟合，則稱為「露水之歡」。於此類狀況中，均應施行《愛經》所教導的各種方法。

若整個性愛過程中，男方都幻想自己是在與另一名女子歡愛，則應稱為「移情之愛」。

若男方與運水女工，或種姓階級比自己低的女僕交合，則彼此的關係應在動作完成後便告結束，此類關係可謂「無根之愛」。在此類的狀況中，應該盡量減少碰觸、親吻與其他肢體行為。

交際花與鄉下村夫之間，或仕紳階級男子與村女農婦之愛，稱為「虛情苟合」。

在一對一正常關係中之伴侶，出於情欲而進行交歡，稱為「自然之愛」，此種狀況下，最能享受到性愛的歡愉。

■圖中顯示一名戰士方從戰場上歸來，他的情人們為其舉行歡迎會。

　　女子深愛某一男子時，會無法忍受聽到情敵的名字，不願跟情敵有一言半語之交談，更無法忍受被誤冠上她的名字。萬一上述情形發生了，則她將爆發下列爭吵動作：大哭大鬧、披頭散髮、踢打男方、撲到床上或椅上，扯下身上的花環耳飾亂丟，或倒在地上哭鬧。

　　此時，男方應溫言加以勸慰，輕柔地扶她回床上。此時女方將不會接受男方所提問題，甚至會怒氣倍增，扯住男方頭髮，將他的頭拽向自己，不斷踢打男方手臂、頭部、胸部或背部，然後衝出房間。達塔卡補充說道，這之後，女方會氣憤難消地坐在門邊拭淚，等男方軟言安撫她好一段時間後，她才會抱住他，用粗話斥責他，但亦同時透露出重修舊好之意圖。

　　若雙方在女方的居所內發生爭執，女方應直接走到男方面前表達怒氣，然後離開。直到男方派遣密友、門客、弄臣來安撫她，她才會在這些使者的陪同下，前往男方住處，與他共度良宵。

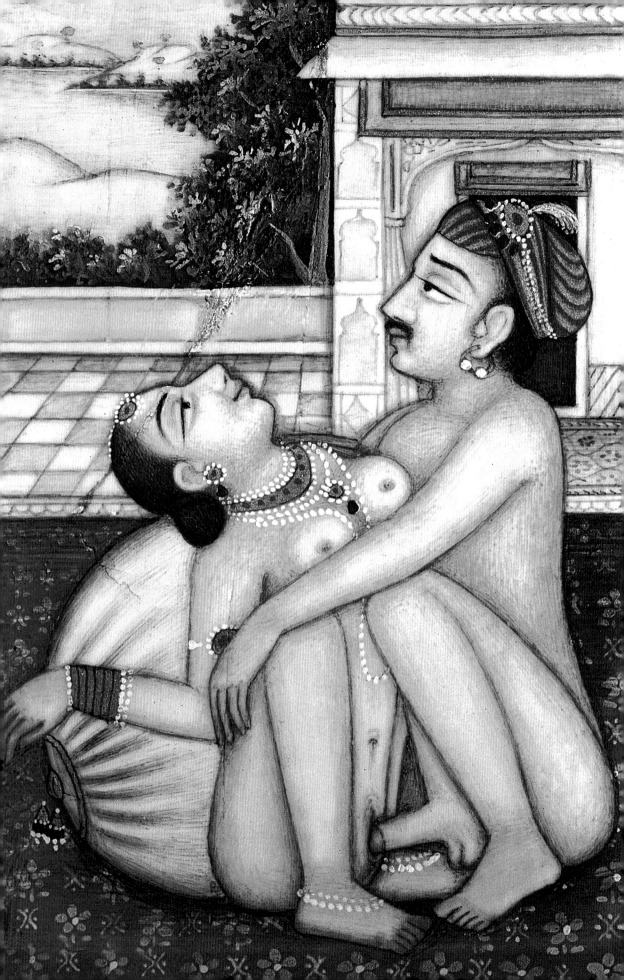

關於以上主題，詩偈如是說：

巴布拉雅所傳，所謂六十四藝，男子若加熟習，必將攻無不克，贏得上等美女。即使能於他事，精於談論道說，若未熟悉此藝，仍受女性鄙夷。孤陋寡聞者，若習六四藝，將於聚會中，居領導位置，成為好男人。

關於六十四藝，何人能不尊崇？尤其仕紳智者，交際花與賢達，已同尊此藝技。正因此技藝，普遍受崇敬，又能為男女，增進其關係。尤能為女子，增添其才藝，是故阿闍梨，視為女子親。男子熟此藝，將受妻子敬，亦受人妻與娼妓，共同予尊敬。

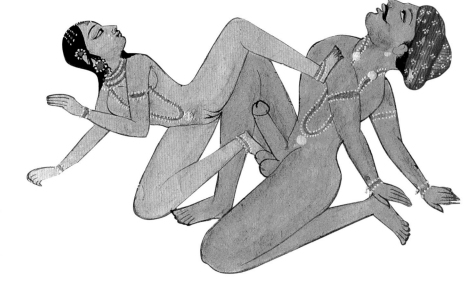

■左：圖中情侶以坐姿熱烈交歡。該女子正靠在厚枕蓆上，發出滿足的嘆息；而男方亦同時發出快悅的呻吟。
■右：深陷戀愛中的女子絕不能忍受聽見情敵的名字。否則一場大戰將無可避免。她會勃然大怒，抓散情人頭髮，對其踢打。

第三章　求愛與婚姻

BOOK 3 Courtship and Marriage

訂婚與結婚

Betrothal and Marriage

वरणसंविधान प्रकरण

Varanasamvidhana Drakarana

男子若與同種姓之處女依照聖典所頒律例成婚，此婚姻將能為其獲致：法與利、後代子孫、親戚，人際關係之拓展，還能令彼此的愛情永不褪色。男子應投注情愛於出身高貴、雙親健在，且至少比自己年輕三歲的女子身上。

該名女子應家境優渥、人際關係良好。此外，她還得面容秀麗、秉性溫婉，身上帶有吉祥胎記，舉凡頭髮、指甲、牙齒、耳朵、眼睛、胸部等，無不優美健全，同時具備優越之健康狀態；當然，男子亦需具備如是條件。不過，龔他卡摩迦認為，若該女子已有婚約在身，則不應加以追求。

安排婚禮

男子有意與某一處女聯姻之時，男方父母、親友應盡心盡力促成良緣。若新娘尚有其他追求者，則他們當向新娘父母指出競爭者的缺點，不論其為明顯可知，或屬不為人知者；另外還要大力讚揚己方這名男子，讓女方親友對他產生好感，尤其更要強調新娘母親所偏好的優點，即使誇張些也無妨。

男方親友中還要有人出面假扮占星家，向女方指出各種好兆頭、星象之吉祥宮位、太陽切入黃道時的吉兆、祥瑞星座之出現，以及

■帕瓦蒂衣著極盡華麗，正坐在丈夫濕婆神膝上；而濕婆則加以擁抱並把玩其左乳頭。

新郎身上的吉祥胎記等，藉以預言這對新人幸福的未來。而其他親友則要在旁說些「新郎還有更多好女孩可選擇」之類的話，好引起女方母親的嫉妒心。

聖哲龔他卡摩迦有言，男方不可任憑己意前去迎娶新娘，必須等待好兆頭出現，並得到眾人歡喜認可時，方可與一名女子聯姻。提親時，若發現新娘正埋頭大睡，或未安分待在家中，又或者大聲哭泣，或該女子早有婚約在身，則不應與之締結婚姻。

男子應避免與具有下列狀況之一的女子成婚：名諱欠雅者、因身體缺憾而被長期監護於家中者、已與他人有婚約者、身上有白斑者、過分陽剛強壯者、肩膀下垂無力或駝背者、大腿彎曲畸形

者、有禿頭現象者、臀部過大者、服喪期間者、已非完璧者、淫蕩者、瘖啞者、自己始終以友相待者（mitra）、自己視之若姊妹者（svanuja），以及手腳多汗者（varshakari）。

此外，女子若以樹木、河流、廿七星辰為名，或以字母R或I為名字字尾者，則屬不值一求者。亦有人說，得與己所傾心之女成婚，方能為家庭帶來真正的興旺與繁榮。

女子年屆適婚之齡，每日下午便應盛裝嚴飾，偕同女伴，由家人送其出席運動會、宗教場合或婚慶儀典，以便將她介紹給社交圈內之人士。女方家人應善待前來表達傾慕之意的男子及其親友，以美言加以回應，並表現友好態度。

遇到此類場合，切記將自家女兒打扮得體出眾。之後，更要找個黃道吉日來決定女兒的婚姻大事。當準新郎與其親友到訪時，要先邀請他們沐浴晚餐，稍後才商談親事。

■左：女子天性柔弱，自然期盼交歡時能有溫柔的開始。若她們被迫與尚未熟識之男子逕行交合，將因此變得害怕發生性關係。是以男子應加以鼓勵，給女方信心。

■右：一名單身女子正演奏著維納琴（Veena），琴聲引來了一對小鹿。

　　男子可以採取當地之宗教習俗，或自己喜歡的方式來提親，但成婚時則應依據聖典規定，於四種婚禮之中擇一加以迎娶。

　　關於此一主題，詩偈詳述如下：

　　社群之活動，應當多參與，或詩歌接龍、或婚慶典儀，唯於互動時，應當多注意，彼此之階級，較高或較低，均為不可行，唯有相均等，方為好聯姻。男方若高攀，婚後身分卑，將如僕侍主，以侍奉其妻，及其娘家親。唯此類婚姻，當受尊貴者，譴責與非議；反之亦同然，男子與其親，身分貴於妻，此姻為低就，應受眾人議，智者所不齒。唯有男女互愛敬，雙方親友皆互重，方可稱為好婚姻。男不應高攀，亦不應低就，以免成婚後，地位居卑下，或受人非議。

■克利席那趁機把玩拉德哈胸部，後者則害羞地轉開頭。

建立新娘的信心

Instilling Confidence in the Bride

कन्याविस्त्रंभण प्रकरण

Kanyavistrambhana Drakarana

婚後頭三天，新郎與新娘應就寢於地板上，避免性愛以及加鹽或滷過的食物。其後七天之中，應在吉祥樂曲伴奏下沐浴，然後才妝點自己、共進晚餐，並妥善招待前來見證婚禮的親友。上述規矩，不論身屬何種階級，皆當遵從。

溫柔開始

到了第十天晚上，新郎可開始進行溫和的前戲動作，以溫言軟語贏得妻子的信任。有人說，若要贏得妻子的心，頭三天中便不該與之交談；但巴布拉雅則認為，如此一來，新娘可能會覺得新郎呆若木雞，芳心受挫，因而加以鄙視。此外，筏蹉衍那始終堅持，雖然新郎應該要贏得新娘的心，並提振她的信心，卻仍然要避免一結婚就直接行房。

女人天性溫柔，自然希望夫婦間有溫柔的開始；若才剛結婚就被迫與素未謀面的新郎發生關係，則很可能會因此對性愛產生恐懼，甚至開始憎恨男人。因此，新郎應懂得察言觀色，找適當的時機接近妻子，並且運用各種方式來增強她的安全感。

前戲之始，新郎當以上身擁抱妻子，由此方式拉近彼此距離，最為簡易。若新娘為成熟女子，或彼此早已熟識，則丈夫可以在亮處

擁抱她；但如果新娘年紀尚輕，或彼此並不熟悉，則還是以在暗處進行為佳。

若新娘接受了擁抱，接下來新郎就要拿起一顆葉捲檳榔（tambula），放入妻子口中，倘若她不肯吃，則應婉言相勸、加以懇求、向她發誓並跪在她腳前。不論女子如何羞怯或生氣，只要男子一跪在她前面，她就會軟化；此法放諸四海皆準。然後，新郎就可以把葉捲檳榔放進她嘴裡，輕柔溫雅地親吻她。

當新娘被征服之後，接著便可以提出幾個容易回答的問題問她——這些問題須為新郎早就獲知底蘊者，他只須故作不知而問。倘若新娘對這些問題沒有反應，就輕聲地再多問幾遍；如果她還是不答，就要強迫她回答。因為，正如龔他卡摩迦之言：「男子一言一語，女子悉皆傾聽明瞭，只是時或不置一詞。」

經過男方此番死纏爛打之後，女方應頷首以示回應，但絕不可出言爭辯，此舉殊為不當。若男方問女方芳心可許、愛欲可加？女方應先沉默片刻，直到男方不肯罷休、一再追問之後，才點頭表示肯定。若兩人從前並不熟識，則男方應請一位雙方共同信賴的女性，於現場協助傳話。此情況下，女方應微笑低首；若傳話人把她的意思傳達過頭，則應該表示抗議。而傳話人必須用語詼諧，甚至要編造女方未曾出口者如：「啊，她是說……」而女方聽了則要含糊而優雅地加以回應：「才不呢，我可沒這樣說！」然後帶著微笑向男方投以一瞥。

擄獲芳心

如果這對新人於婚前早已熟識，則新娘應將葉捲檳榔、香油膏或

■ 前跨頁：濕婆與帕瓦蒂（又名密拉克喜〔Meenakshi〕）的婚禮。而魚眼神正以最高形式之儀節——帕拉帕迦（prajapatya，皇家婚禮）——為其舉行婚禮。每年遇到這兩位神祇的節日時，都會在密拉克喜神廟中舉行慶祝活動。

■ 左：若男子有意追求意中人，應安排時間與之相聚，以禮物討她歡喜，一起進行她所喜好的遊戲。

■ 上：木板上刻著許多男女，正各自進行著種種交歡姿勢。此類藝術品在古印度曾風行一時，多由年輕男子贈與意中人，藉以引燃其性欲。

花環取置丈夫身邊──端視丈夫所欲；亦可將上述物品繫於丈夫衣服上方。當新娘做這些動作時，新郎便可以藉機把手放到新娘青春的雙乳上輕輕揉捏，若她閃避，新郎就要說：「只要妳抱抱我，我就停手。」好促使新娘擁抱自己。

等新娘抱住自己之後，再度伸手探摸其體，把她抱坐膝上，然後探詢其意願。倘若她仍不肯答應，就出言加以恫嚇：「那我就要咬妳、抓妳，在妳的嘴唇和胸部留下記號，然後也在我身上做相同記號，並跟我的朋友們宣告說是妳做的。怎麼樣？」一旦施展此類伎倆，新娘肯定束手就擒，猶如孩童一心相依，令新郎遂其所願。

當女方安全感漸次提升之後，男方便可慢慢加以撫觸，遍及全身，並施以親吻，然後把手放到她大腿上。倘若她未加抗拒，就可以環抱住她的腿關節；倘若她有所抗拒，則對她說：「這會傷害到妳嗎？」好說服她讓自己續行動作。然後便可鬆其腰帶、解其衣釦、將其服袍上撩、探摸她裸露的胯下。

其實新郎可以假借各種理由來進行上述動作，只要別貿然地直接開始性交動作就好。只有這樣，男方才有機會引導女方學習六十四藝，告訴她自己有多愛她，向她訴說自己的渴慕之情。男方還應該告訴女方自己會對她忠貞不貳，絕不與她的情敵有所勾搭，好消除她心中的疑懼。當女方終於擺開羞怯之後，男方便可以盡情的享受她、令她同感歡愉。

關於以上主題，詩偈如是說：

應視女方之意願，一再嘗試得首肯，如此方能獲其心，令彼全然信於汝。未能盡力以討好，甚或反而予違抗，則將慘敗失芳心。此類未能成功者，應當繼續修課程。唯有自尊復自重，取信於伊得其意，方有資格受愛敬。倘若漠視其羞怯，無所用心不經營，將被視若禽與獸，粗魯不懂女兒心。不能體會初夜女，心中緊張障礙多，反以強力迫歡愛，則將使其懼彼事，只覺被迫服勞役。愛意失回應，不為夫所解，則將陷低潮，暗恨其夫婿，或恨諸男子，終將有一日，紅杏出牆去，只因婚姻中，未有好關係。

■左：女方正等候著英俊的伴侶，她的女僕站在門階上準備恭迎男子，等著搶先回報消息。
■右：圖中迷人的女子擺出了誘人的體態，足以吸引任何年輕男子。

追求女性

Courting a Maid

बालोपक्रमण प्रकरण

Balopakramana Drakarana

若有男子家無恆產但質素優異，或者身分不夠高貴，或者家產為父母兄弟所把持，如是之人只能靠己力贏得青梅竹馬女伴的芳心。若他從小被寄養在舅父家中，當設法獲取表妹或其他女子的愛意，即使她們早許婚配亦無妨。龔他卡摩迦說，以此種方式贏得妻子亦無可厚非，因為這仍不失為實踐「法」的方式之一，與採取其他方式而成婚別無二致。

求愛遊戲

男孩若想追求意中人，就要花時間在對方身上，他們可以玩一些適合彼此年齡、增進熟悉程度的遊戲，比如摘花、編花環、扮家家酒、煮東西吃、玩骰子或賭牌，以及賭博遊戲、尋找中指遊戲、六卵石遊戲等，或盛行於該地區、並為女方所喜的消遣活動。他也可以提議玩一些團體遊戲如捉迷藏、種子遊戲、尋寶遊戲、瞎子摸象、團體運動等，可以跟她的朋友，或其他女性朋友一起玩

的遊戲。

　　他還要盡力討好對方所信賴的女性朋友，並設法跟她們熟悉。除此之外，他還要跟意中人褓姆的女兒保持友好，對其略施小惠；因為一旦褓姆的女兒把你當自己人，那麼她即使知道你的企圖，也不會從中作梗。事實上，她或許還能影響你與那名女孩之間的關係。縱使她知曉你的弱點，亦未曾受你之託，卻依然會向女方父母親友宣揚你的優點。

餽贈禮物

　　男方應該做一些女方所喜的事情，只要是她想擁有的，就盡力為她蒐羅，包括其他女孩不太曉得的玩物在內。送她彩球，或其他新奇之物，如布製、蠟塑、泥塑或木頭、牛角、象牙雕成的娃娃，以及捏麵人等；還可以送她烹飪器具、木頭雕像（如男、女造型之立像）；一對白羊、山羊或綿羊；泥製或由竹子、木頭組成的迷你諸神廟宇；畜養鸚鵡、杜鵑、歐掠鳥、鵪鶉、公雞或鷓鴣的鳥籠；各式水上運輸工具；各式造型優雅的灑水器、七弦琴、畫作展示架、凳子、蟲膠、胭脂、黃香膏、硃砂、眼片，還有檀香、番紅花、檳榔與檳榔葉。

　　每次會面，都要以不同的禮物相贈——有時私下送，有時公開送，端視情況而定。簡而言之，就是要盡力讓她把眼光放在你的身上，把你看成世上最願意為她赴湯蹈火的男子。

　　關係更進一步之後，男方要設法說服女方願意跟你私下相會。可以向她解釋說，是為了要偷偷把禮物拿給她，以免女方父母不悅。還可以強調說，其他女孩們有多想獲得這些禮物。當她看起來對自己更為心動之後，還可以講一些她愛聽的故事給她聽。如果女方喜歡看魔術，就玩一些戲法來取悅她；如果她雅好藝術，就為她表演相關的技藝；如果她愛唱歌，就以音樂娛樂她。每次參加完月光廟會或月光節，或者女方剛從遠地歸來，都要送她花飾、花冠、耳飾與耳環。

　　男子還要將六十四藝中，由男子施加於女子者，授予女方褓姆的女兒，藉此讓女方知道自己頗精此道，能令她充分享受性愛的歡愉。此外，還要永遠穿戴體面，讓自己容光煥發，因為年輕女性本就喜好此種男伴。倘若認為女子都是被動地等候男子追求，而不會

■河中沐浴、參與節慶、慶典與社交聚會，提供年輕少女尋找英俊男伴的機會。

主動設法贏得男人心，就大錯特錯了。

愛的回應

　　只要愛人在旁邊，女孩子就會以各種訊息或動作來表示心中愛意。她們絕不會正眼直視所愛，如果對方看著自己，定會顯出害羞狀，但又老是藉著各種理由碰觸對方。即使愛人不在身旁，也會找機會偷覷；當對方問自己問題時，一定會低下頭，並總是欲言又止地給予含糊的答案。

　　喜歡跟對方長時間膩在一起，如果當下彼此的距離稍遠，就會用特殊的音調跟女伴們說話，好引起對方注意。不願離開男方所在之地，常常想辦法引開他的注意力，引導他看別的東西。慢條斯理地講故事給他聽，好讓彼此的對話能更為持續。在他面前親吻孩童，並把孩子抱坐膝上；還會在女僕額上描畫裝飾圖案。若愛人出現時，女伴開她玩笑，她就會以優雅的動作搥打女伴。會設法融入男方交友圈，向他們表示順從與尊重。

■左：婚禮之夜，一群女僕正伴隨害羞的新娘前往夫婿的廳房。

■右：圖中的迷人女子在出門與情人相會前，先行攬鏡自照，檢視自己的魅力。

　　此外，她還會向男方的僕人展示慈善大方，與他們交談，向他們發號施令，彷彿以女主人自居；並在他們談起主人與其他人的關係時仔細傾聽。會在褓姆的女兒慈惠之下，探訪男方居處，並透過她的協助，設法與男方展開交談與遊戲。當自己穿戴欠佳時，便不願為其所見；倘若女伴告知，男方曾透露想要珍藏自己耳飾、耳環或花環之意，就會找人遞送給他。總是把他送的東西穿戴在身上；倘若雙親提起其他可能的婚姻對象，便心情大壞，拒絕跟這些人的親友接觸，也拒絕跟鼓勵這些追求者的人士來往。

　　詩偈如是說：

　　一旦感知少女意，或由訊息動作中，得知芳心許於己，即當設法建交誼。贏得其心有途徑：妙齡少女以童戲，適婚女子以技藝，至於對己有意者，則託其所信之人，告知於彼亦有意。

■婚後幾日，新人應避免交合。之後，新郎應以輕柔之前戲引導女方進入狀況，必須等新娘徹底放鬆、不再恐懼之後，方可與之交合。

情侶間的行為

Behavior of the Couple

एकपुरुषाभियोग प्रकरण

Ekapurushabhiyoga Drakarana

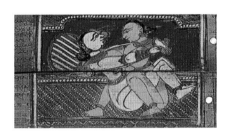

當一名女子開始透露訊息或動作，顯示她對你有所動心，男方就要進一步以各種方法完全擄獲她的芳心。

強化情感

兩人互動時，男方要找機會故意握住女方的手，並用各種方式擁抱女方。比如觸碰之抱、摩擦之抱、壓制之抱等等。亦可用樹葉或其他類似物品，剪出成對人形示之。若兩人正從事水上活動，則可從較遠處潛入水中，忽然從她身旁冒出來。

男方可向女方描述自己如何為她受苦，又做了哪些跟其他女子有關的美夢。當兩人共同出席同一階級種姓的聚會時，男方應坐在女方身邊，找機會碰碰她，把自己的腳放在她腳上，慢慢碰觸她每一根腳趾頭、壓壓她腳趾尖。若她不加抗拒，則進一步握住她的腳，再次進行上述動作。若她為他洗腳，則他應把女方的手指頭放到自己趾縫中。不論是送禮物給她，或收受她的禮物時，都要以動作與眼神來表示自己有多麼愛她。

取得信任

男子可以把用來讓自己漱口的水潑到女方身上。當兩人獨處於偏

■若女子開始在訊號與動作中顯現愛意，則男方便要設法完全擄獲她的心。他應深情款款的握住她的手，讚美她迷人的美貌。

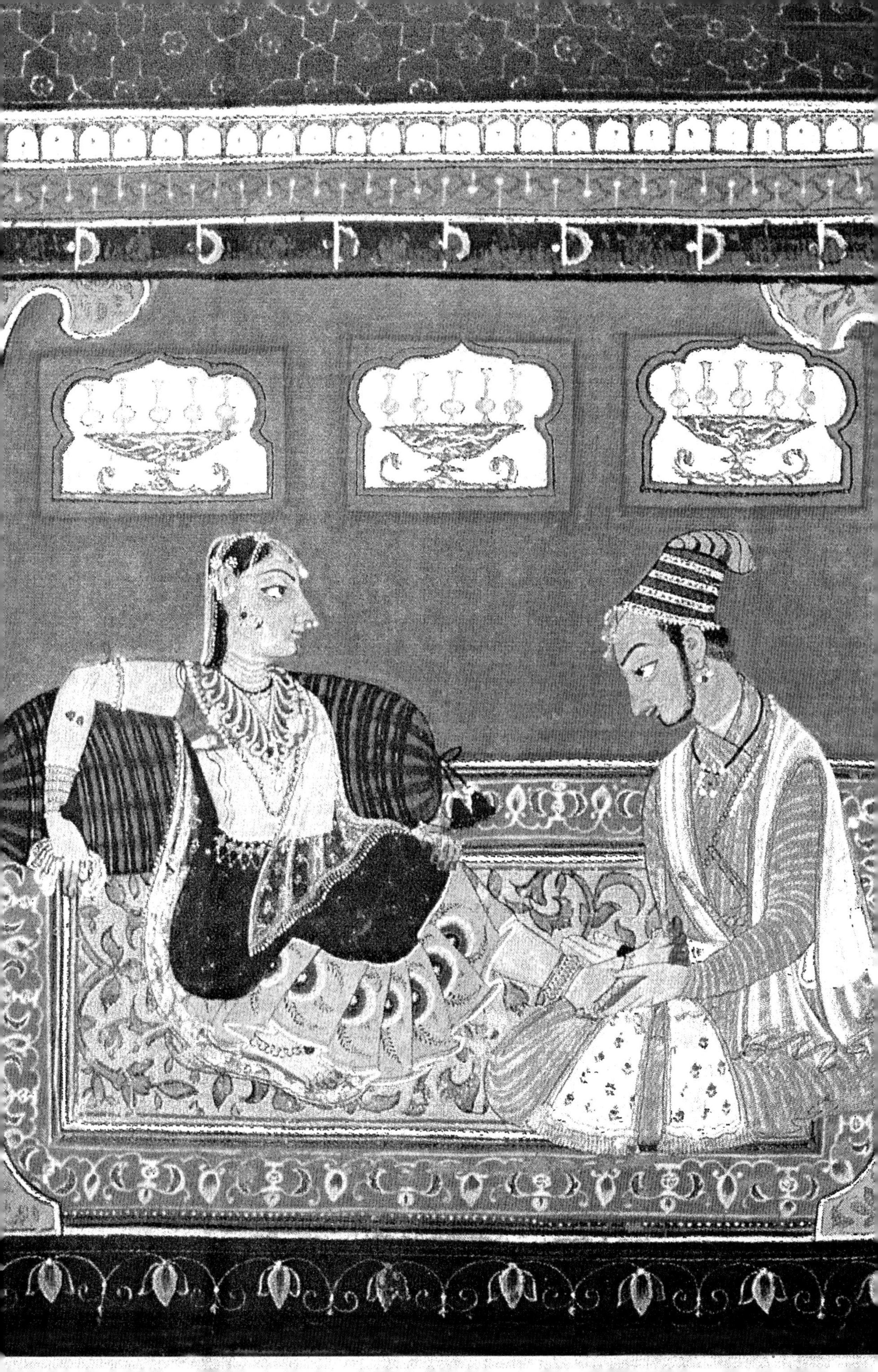

僻處或黑暗中時，可同她歡愛，向她傾訴衷情，絕不能使她難受。

任何時候，只要兩人同坐於一張椅子或床上，都要告訴她：「我有話要私下告訴你。」然後把她帶到僻靜之處，以無聲勝有聲的行動和訊息，進一步地向她表露愛意。

等知悉自己已擄獲芳心，男子便可假裝生病，將她騙到自己住處，然後藉機握住她的手，將之放到自己雙眼與額頭之上。並假借調藥之名，出言請她代勞：「除了妳，再沒有人能幫我這個忙了。」當她有意告辭時，就大方讓她離開，並誠懇地請她務必再來探望。以上這種裝病的花招，必須持續進行三天三夜。

其後，等她經常前來探望時，便要多跟她長時間交談。龔他卡摩迦說：「縱使狂戀著一名女子，猶須透過大量的交談以獲芳心。」只有確定完全占據對方心靈之後，才可以與之歡愛。所謂「女子在黃昏或暗處，較不致膽小怕驚，較願意與人交歡」的說法，純粹是無稽之談。

當時機成熟，應該可以遂己所願時，男子要請求女方褓姆的女兒，或女方信賴的女性朋友之助，讓女孩在不知情的狀況下被帶到他身邊，然後他就可以向她示愛。或者他也可以派遣女僕去服侍這名女子，與之為友，藉以贏得她的芳心。

最後，若男子從女方的外在表現中，得知她已鍾情於己，便可於宗教節慶、婚禮、市集廟會、戲院、群眾聚會或類似場合中，找機會與之獨處，並同行交歡。筏蹉衍那有言，只要時地恰當，女子絕不會拒絕她的情人。

贏得男心

若一名女子家教良好、秉性聰婉，卻因出身卑下、家境不豐而不得良配，或自幼失親，卻能謹守身分與規矩，則此女達適婚年齡後，應設法嫁予英俊、年輕而強壯的男子，或選擇一名會順從於她的柔弱男子——即使對方父母不同意亦無妨。

她一定要想辦法達成目標，獲取這名年輕男子的心，並經常與他碰面。女方母親亦可請女性朋友與褓姆的女兒居中安排，讓他倆有經常見面的機會。女孩本身也可以試著跟對方在僻靜之處獨處，送他花束、檳榔、檳榔葉與香水。找機會向他展示自己在按摩、指壓、愛撫上的技巧，還要多談些他喜愛的話題。

■前跨頁：男子應向情人訴說自己因她而承受的苦痛，以及內心的傾慕之意。然後挨近情人而坐，找藉口觸碰她。
■左：男子應柔緩觸摸愛侶腳趾，捏壓其趾尖。藉由此類動作、眼神，讓對方感覺到自己對她的深情。

即便如此，傳統觀念仍認為，不論女子多傾心於一名男子，皆不應主動獻身，亦不當出言邀請，以免喪失尊嚴，或被蔑視和拒絕。但若是男方主動求歡，則要以愉悅的態度加以回應，在對方抱住自己時依然從容自若，並接受他所有的示愛表現，彷彿從未得知其心意一般。

若男方進一步想親吻自己，就要加以推卻；若他懇求交歡，最多只能萬般為難地讓他碰觸自己私處。不論男方如何死纏爛打，都不能令其得手，要表現得好像一點也不想發生關係似的。只有在確認對方深愛自己、忠貞不二時，才能把身體獻給對方；事後還要說服他盡速前來迎娶。發生關係後，她必須讓身旁可信之人得知此事。

關於此一主題，詩偈如是說：

眾人追求之女子，應嫁所愛之男子，或是能臣服於己，能夠給予歡悅者。若是為財而聯姻，雙親許配富家子，不問其心或其才，不論對方妻妾多，如此一旦出嫁後，彼此必定難信守，即使男子人品佳，事事順從己心意，健康強壯又積極，處心積慮討歡喜。若有男子有主見，唯獨對汝屢遵從，即使身窮又貌醜，依然勝過美男子，到處留情不用心。嫁予富人為妻妾，永難與之常相守，亦難全心以信賴，身外享受雖富足，紅杏依然出牆去。

意志薄弱之男兒，喪失社會地位者，老邁男子與遊子，均不適合託終身。亦不應嫁多妻兒，玩物喪志愛賭博，或者視妻如物者。眾多情人中，性為己喜者，方可下嫁之。唯有此丈夫，得與己歡愛，只因彼乃為，己所愛之人。

■濕婆與帕瓦蒂這對神仙眷
侶正坐在牛神南帝身上。

婚姻種類

Kinds of Marriage

विवाहयोग प्रकरण

Vivahayoga Drakarana

若女子不得與情人經常會面，則可派遣褓姆的女兒代為傳遞消息，如此一來，男方就會瞭解，這名使者乃女方所信任者，能代表女方傳達訊息。

褓姆之女

會見對方這名男子時，褓姆的女兒要讓男方知道，女方的出身有多高貴，性情、容貌、才藝、能力、常識又是如何出眾；並要令他得知女方心意，卻不著痕跡，以免讓男方獲悉，女方乃蓄意派人前來遊說自薦。這名使者覆命之時，要順便讚賞男方的優點，尤其是小姐先前曾提及者，好讓小姐感到歡喜。

使者面見對方時，要以輕蔑口吻提起小姐的其他追求者，說彼等的父母多麼居心貪婪、行為失檢，而小姐也還尚未屬意於其中。她還可以向小姐引述古代賢婦如莎昆塔拉（Shakuntala）之語，因為這些史上知名之女子，皆是依照個人意志，選擇了階級種姓相當的情人，並享有快樂的婚姻。此外還可以告訴小姐許多負面例子，說有許多女孩嫁入豪門後，被困在妻妾爭鬥之中，悽慘落魄，終淪為棄婦。

她還應提及男方的財富，並在小姐愛上對方之後，設法平撫其羞

■眾女僕正服侍新娘為初夜作準備。女僕們為焦慮不安的新娘施以花紅、胭脂、眼線與香水，並以笑聲、歌聲來點綴這段時光。

恥感、恐懼感，以及對未來婚姻所懷有的不安全感。簡而言之，褓姆的女兒所扮演的角色即為一名女信使，負責把男方心意、男方常去之處等消息告知小姐；並不斷透露說：「就算他出其不意地把妳擄走，也沒什麼大不了。」好讓小姐知道男方其實一直設法想要見到她。

以乾闥婆方式成婚

　　當女子傾心於男子，公開以未婚妻角色出現後，該名男子就要從婆羅門家中引來火種，鋪展草席（kusha）於地，將祭酒倒入火中，依照宗教典儀與該名女子成婚。婚姻既成之後，再將此一事實告知父母——因為依照古代學者之見，經過火儀之後，婚姻的莊重性已然成立，不得再行悔婚。

　　儀式圓滿後，要讓男方親友知道此婚姻已經存在，同時通知女方親友，讓他們接受事實、不再計較這對新人的成婚方式。其實，新人最好要用心準備，致贈一些親友喜愛的禮物，好平息他們的不悅。

　　依照上述方式成婚者，便是根據乾闥婆（Gandharva，即天界的樂師）的形式結婚。

搶婚

　　若女方優柔寡斷，或遲遲不肯明確答應下嫁，則男方可以採取下列方式之一來加以獲取：

　　於適當時機，耍點花招，藉自己所信、亦為女方家人熟識的女性朋友之助，出其不意地將該名女子帶到自己住所。然後男方就去婆羅門家取來火種，進行上述結婚程序。

　　若意中人與其他男子婚期將近，那便只得棄對方未婚夫於不顧，亦不再顧慮女方母親是否同意，唯能說服該名女子取得母親允准，到鄰居家中探訪，好讓男子藉機取來婆羅門火種，與之成婚。

　　男方鎖定女方某位與自己同齡之兄弟，設法與其成為好友。最好該名弟兄喜好流連青樓，或垂涎人妻，如此一來，男方便可藉著助其成事，以及不時贈以禮物之情，獲取女方這名兄弟的心；然後再向其透露自己對其姊妹的愛慕之意。年輕男子都會願意為與自己同齡、且性情嗜好相同的朋友赴湯蹈火，這樣一來，女方這位兄弟就會幫忙把姊妹送到安全處所，取來婆羅門火種，協助玉成婚事。

　　在節慶場合中，男子可託褓姆的女兒向女方暗下迷藥，並將女方送到秘密處所。然後男子便對該女子遂行交合之事，待其清醒之後再取來婆羅門火種，與之成婚。

　　在褓姆的女兒默許之下，男子可趁女方熟睡之時，將她帶離臥

■左：拉德哈與克利席那坐在船上，愉快地接受女僕們的侍奉。

■右：婚禮當中，女僕們演奏音樂。

房，趁機對其遂行交合，待其醒轉之後，再取來婆羅門火種，勸誘女方與之成婚。

趁女方到鄰近的花園或村莊遊玩時，男子夥同友伴殺死女方隨從，或恫嚇之以令其潰逃，然後綁架女方，強迫與之成婚。

關於以上主題，詩偈如是說：

以上所述婚禮儀，前者均優於後者，只因越是居後者，越不符合宗教規。唯有無計可施時，才得出此等下策。所有好婚姻，關鍵在愛意，乾闥婆婚禮，其儀仍尊重，不論世俗中，是否予認同，只因其符合，良婚之要件。就其實而論，此種婚禮儀，方能生快樂，避免無愛姻，所生之苦惱。總歸為一語，愛意為最要。

■前跨頁：若有女子依地方風俗與《聖典》訓示，於婆羅門僧侶面前與同一種姓階級之人士成婚，並向聖火施以供奉，則可確保婚姻永遠幸福。

■左：婚事受阻之男女正欲私奔。男主角站在象背上，挨近女主角寢室，大膽地靠牆接她潛逃出門。而這名準備妥當、等候多時的女子，在女僕鼓勵之下，攀牆投入愛人懷抱。

第四章 為人妻者

BOOK 4 The Wife

為人妻者　Duties of a Wife
妻妾之間　Senior and Junior Wives

為人妻者

Duties of a Wife

एकचारिणीवृत्त प्रकरण

Ekacharinivritta Drakarana

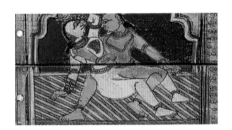

　　位貞節而珍愛丈夫的女子，當敬夫如神，順從丈夫心意行事，並在丈夫許可下，一肩挑起照管全家的責任。她當使家裡內外一塵不染，於四處綴以各色花束，維持地板的平滑潔淨，讓家中呈現整齊舒適的感覺。

美化庭園

　　她應當環屋栽植花草，布置庭園，於園中備妥晨祭、午祭與夜祭所需用品。此外，更應崇敬家神的廟堂，因為，一如龔娜迪亞所言，「沒有什麼比遵守上述事項更能讓女人擄獲一戶之長之心的了。」

　　她應當在廚房後方園中種植綠色蔬菜和甘蔗、安息茴香、無花果樹，還有芥末、荷蘭芹、大豆及桂葉。

　　她應當在屋前闢出花園，種植茉莉花、黃莧菜等各種花樹。她當於庭院中設置大理石椅，罩以藤蔓遮棚，以供休憩娛樂；又應請探測師尋找地下水源，於園中築一口井，以便飲水沐浴之用，並藉以將水塔和水池注滿。

■這幅十八世紀中葉奇玄迦爾（kishengarh）牆面上方，雕繪著克利席那與拉德哈，他倆正沉浸在聖潔之情愛當中。

應守規範

　　為人妻者應永遠避免與女乞丐、托缽女僧、淫蕩粗俗女子、女算
命師和女巫等人為伍。每日三餐的菜色，應以丈夫的好惡為主，並
斟酌何者有益於他的健康，何者有害。一旦聽到丈夫的腳步聲，她
應立即起身，候令行事。她可以命令婢女為丈夫洗腳，也可親自服
侍。不論偕同夫婿前往何處，皆應佩戴首飾。

　　若沒有丈夫的許可，不得自行發起或接受邀約，不得參加婚宴、
祭祀，不得與女性友人聚會，亦不得前往廟宇或參加任何娛樂聚
會。她應當永遠等丈夫入座後再坐下；並在丈夫起身之前，先行起
立，且永遠不得打擾丈夫的睡眠。廚房應設置在僻靜之處，以免生

人誤闖，且廚房內永保清潔。

丈夫若有任何行為上的過失，為人妻者縱感不悅，也不應過度譴責。不論是否有外人在場，妻子皆不能用言語侮辱丈夫，只能以安撫性的話語加以輔正。此外尤忌叨唸不休，正如龔娜迪亞所言：「沒有什麼比這種特質更令丈夫生厭的了。」最後，為人妻者不得緊繃著臉、不得竊竊私語、不得站立家門口、不得觀看路人、不得在佛寺交談、也不宜獨處過久。她應當時時保持身體、牙齒、頭髮及身上所有，永遠整齊、悅目、優雅與清潔。

為人妻者私下與丈夫會面時，應衣著亮麗，盛裝嚴飾，佩戴各式花朵，並塗抹芳香的精油或軟膏。而日常衣著則應質地輕軟、織工細密，沒有太多裝飾和花朵，香味也較清淡。她應當恪遵丈夫所許之齋戒與誓願，並在丈夫阻撓時，加以說服。

照料全家

每年到了當令時節，物品價格低廉時，她應添置、貯存實用物資如土鍋、藤籃、木杯、木碗，銅器、鐵罐等，以防物價上漲。應當時時留意日常用品如岩鹽、油類、香水香物、胡椒、藥物、稀有藥物、辣椒等之補充，令其充足無虞，無畏荒年。此外，亦應在花園中種植小蘿蔔、馬鈴薯、甜菜、菠菜、黃瓜、大蒜與洋蔥，上述菜種應當各依其收成季節採收妥當，然後在適當季節加以播種。

為人妻者，不應向生人透露自己或丈夫承諾要給她的財富數目。她應當比同階層的女子更加聰明、悅目，更懂廚藝、更自尊

■左：兩名年輕女僕正協助主母抱送一名健康男嬰。若不能產下子息，丈夫便有可能另娶新人。

■右：出身高貴、持身貞潔之女，出嫁後能為夫家產下男嬰者，必可同時獲得法、利、欲，並得享高位。

自重，服侍夫婿的方式也更加得體。

　　於年度家用與財產預算上，她應當謹慎計量，盡力開源節流。餐後剩餘的牛奶應加工成煉乳或純淨奶油。家中應自備油和糖，織繡的工作應在家裡進行，繩索以及可用來編繩的樹皮也要儲備妥當。她還應當留心於碾米事務，善加利用碾剩的米渣及粗糠。

　　身為家庭主婦，她應當精明幹練、善於理財、照管所有支出，尤其是下人的薪水與日常家用。此外她還應該照看農務、牲畜、督導農具的製作維修、照料家畜及寵物如公羊、公雞、鵪鶉、鸚鵡、歐掠鳥、杜鵑、孔雀、猴子和鹿；最後還得平衡每日的收支。

　　優秀的主婦對待下人必慷慨體貼，會在節慶、假期來臨時給予賞賜，但這些事務一定要記得告知丈夫。穿舊了的衣物要賞給表現良好的下人，以示獎勵，或者也可另做它用。盛酒或儲酒的容器應當小心看管，並於適當時機取用。

以夫為貴

　　妻子應獻上香花、香物、焚香、檳榔葉與檳榔，來接待丈夫的朋友。她應侍奉公婆，依照他們的意願行事，永不反駁。對公婆說話要簡潔溫婉，公婆在場時不得笑得太大聲，並視公婆的友人或仇敵

■左：濕婆與帕瓦蒂正情意綿綿地相互依偎。此一青銅雕塑具有坦多羅（Tantric）風格。

■右：有德而珍愛夫君之女，若其夫行止可敬，則應唯夫君意旨是從。

猶如自己的友人或仇敵一樣。除了上述事項，她還不得虛榮，或太過逸樂。

丈夫不在家中，或在外地遠遊時，她應該配戴吉祥首飾，恪遵宗教齋戒和節慶儀節。縱使焦心於丈夫的消息，也不能因此廢弛家務。她應就寢於家中年長女性附近，事事得其認可。她必須持續照看丈夫所喜之事物，接續他所未完成的事務。

除非遇到婚喪喜慶，不得拜訪娘家親友；即使必須前往，也應衣著樸素如常，在夫家僕從陪伴下前往，並且不得久留。當丈夫遠遊來歸，她首次迎接時，應當身著常服，讓丈夫知道，自己在他在外期間是如何地恪守婦道；迎接時，應同時呈送禮物與祈福物品給丈夫。

關於以上主題，詩偈如是說：

> 為人妻者，不論出身，貴族之女，再婚童女*，或為小妾，皆應束己，貞潔自持。以夫為天，以夫為歸。如是可致，法益財富，以及愛欲，得享尊崇，永受寵愛。

---

*此處「童女」（童貞寡婦）也許是指未成年即出嫁的小女孩，丈夫在她尚未進入青春期前已先過世。印度人直到今日依然有幼童結婚的習俗。

राजा मोल माञावी पूछेछे

妻妾之間

Senior and Junior Wives

ज्येष्ठादिवृत्त प्रकरण

Jyeshtadivritta Prakarana

丈夫之所以會在妻子健在時又再娶他人，其可能原因如下：妻子愚蠢或脾氣壞、妻子不受丈夫所喜、膝下猶虛、生女不生子、丈夫本身性好漁色。

對應方式

為人妻者，應當從一開始就持續不斷地讓丈夫明白她的忠誠、好脾氣和智慧，以抓住丈夫的心。如果未能為他生下一兒半女，她當主動慫恿夫婿再娶。第二位妻子結婚進門後，原配應當自動退讓，使對方的地位優於自己，而且拿她當姊妹看待。

原配應於清晨時，要求年輕的妻子當著丈夫的面妝點自己，而且不該介意丈夫寵愛對方。較年輕的妻子如果做出令丈夫不悅的事，原配便應給對方最審慎的建議，教導她該做哪些事來取悅丈夫。她還應當將對方的小孩視如己出，待對方的僕人比自己的僕人更尊重，並以慈愛之心珍視對方的友人，以隆盛之禮待其親人。

在丈夫擁有眾多妻妾的情況下，原配應聯合地位與年紀與自己最相近的那位，一起慫恿最近曾受寵愛的小妾與丈夫的新歡爭吵。之後，她應當對前者表示同情，並聯合所有其他妻子，將丈夫的新歡說成一個心機重的邪惡女人，而同時讓自己置身事外。

■迎娶多妻者，應平等對待眾妻子。讓每位妻子個別擁有私人空間，並視場合予以合宜之對待；不可對某一妻妾顯露特別的愛意、熱情，或私下向她指責其他妻子的不是。

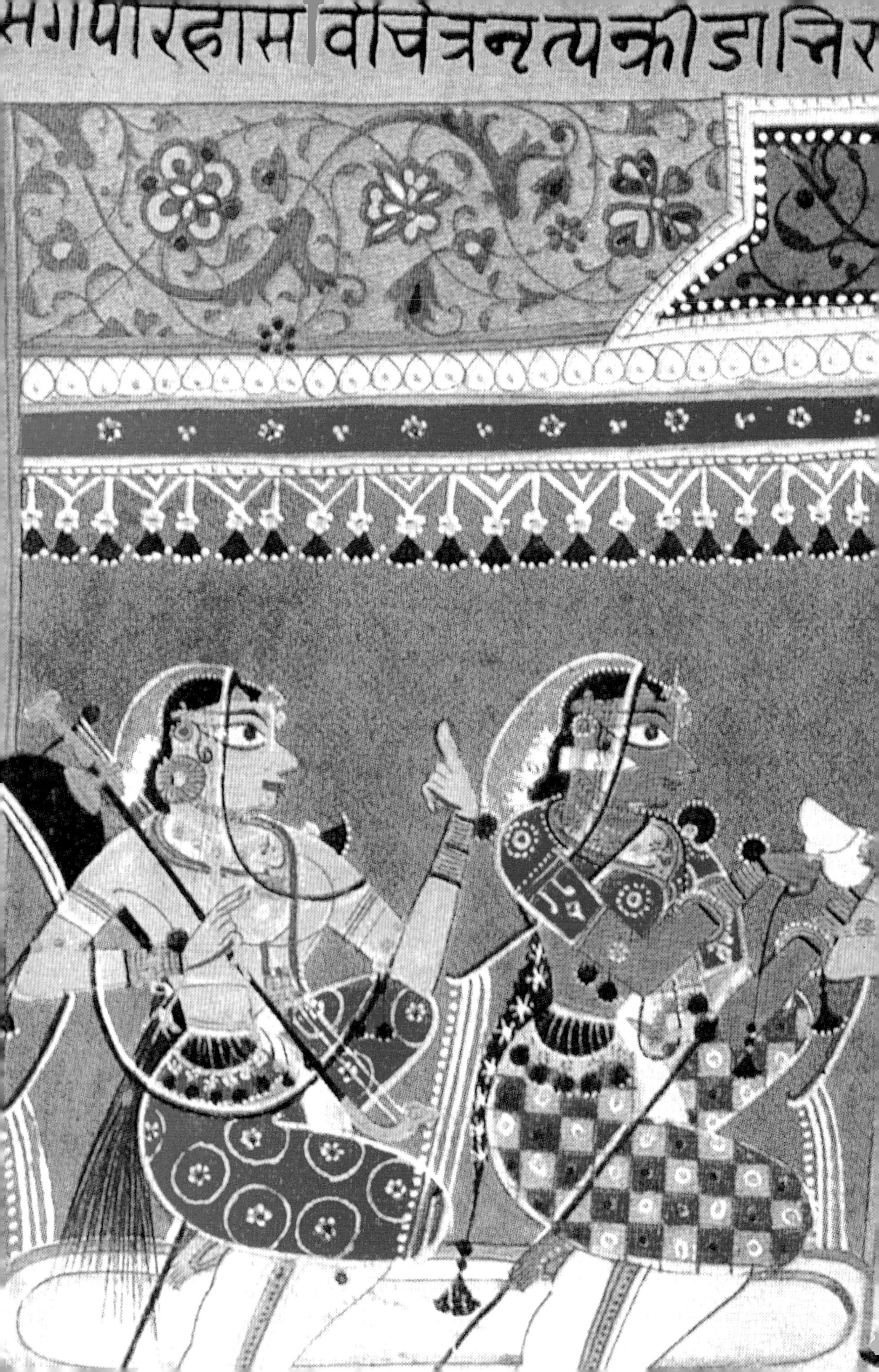
सगपारद्धास वीचेत्रनृत्यक्रीडान्विर

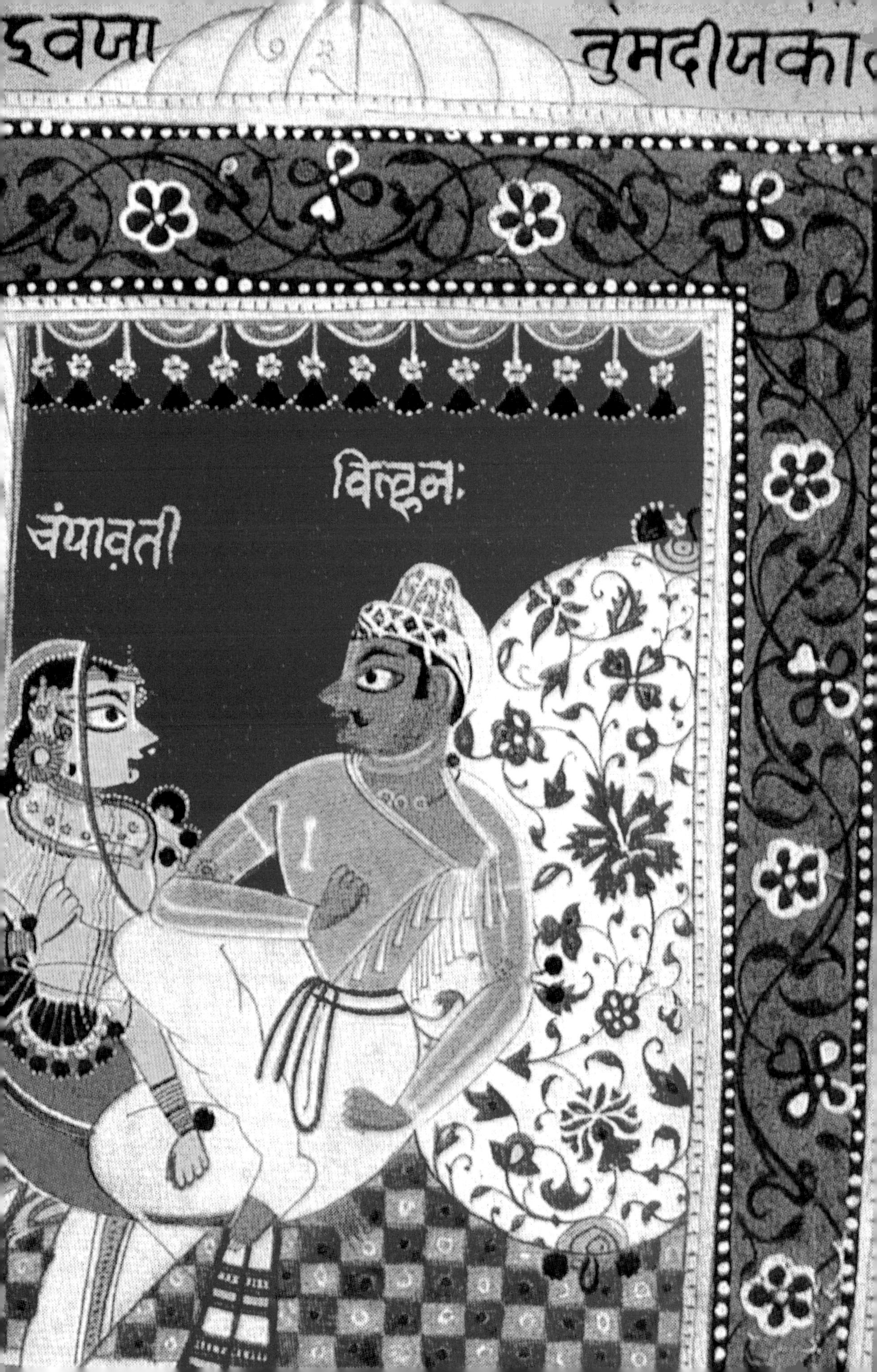
विल्हण:
चंपावती

　　如果丈夫與新歡發生爭執，原配應當站在新歡這邊，假意給予鼓勵，並讓爭執擴大。如果新歡與丈夫間只有小小的不快，原配應盡一切力量將事態擴大。如果經過所有努力之後，丈夫依舊寵愛新歡，原配就應改弦易轍，努力讓兩人和好，以免引起丈夫不悅。

　　年輕的妻子，則應將丈夫的原配視為母親，不得在未知會她的情況下，贈送他人物品，即使是贈送自己的親人也不可以。她應當對丈夫的原配坦誠以待，毫無隱瞞，並在獲對方允許後才接近夫婿。原配不論告知她什麼事情，她都不得對外洩露；對待原配的小孩，應當比照顧自己的孩子更為用心。與丈夫獨處時，應盡心服待對方，不可向他表露妻妾之間的爭鬥之苦。在受到丈夫的特殊重視時，她可以告訴丈夫，她只為他以及這殊榮而活。

　　她不得向任何人透露自己有多愛丈夫，或丈夫對她的愛有多深；一旦妻子洩露了這些秘密，就會受到丈夫的鄙視，不論她是出於驕傲或忿怒而洩漏這些私事。談到要如何獲得丈夫的重視，龔娜迪亞說，為了顧及原配的感受，這種事永遠只能私下秘密進行。如果原配不為丈夫所喜，或是沒有生育子女，年輕妻子應該對她寄予同情，並要求丈夫也對她表示同情，而且她應當比對方過著更貞潔的生活。

■前跨頁：天性美好，善奉
　夫君之女，必能贏得夫
　心，地位優於諸女。
■左：圖中男子愛意溢於言
　表，正將盛酒的酒杯遞給
　他特別鍾愛的某位妻子。
■右：圖中男女於熱烈交歡
　之時，顯被某一事物轉移
　了注意力。

寡婦再醮

　　一個生活困苦，或是纖纖弱質的寡婦，若再次與男人結婚，就稱為再婚寡婦。巴布拉雅的追隨者說，一個童貞寡婦不該嫁給品性惡劣或素質不良的男子，以免再醮後又得與之離婚，另覓歸宿。龔娜迪亞認為，由於寡婦再醮的目的是想追求幸福，而幸福仰仗的是丈夫所擁有的良好特質，以及因愛而結合的快樂，因此最好能找到一個具備良好特質，能滿足她上述需要的人。筏蹉衍那則表示，寡婦可以嫁給任何她中意、覺得適合的人。

　　寡婦結婚時，應向丈夫支領酒會、親人野餐，以及送予友人小禮物的費用；如果願意，她也可以自掏腰包。同理，她可以穿戴丈夫提供的服飾，也可以穿自己的。至於夫妻兩人互相交換的禮物，一般並無硬性規定。婚後，她若自願離開她的丈夫，除了互相交換的禮物外，她應當歸還丈夫所贈的其他禮物。但如果她是被丈夫逐出

家門，那就什麼都不用歸還。

再婚寡婦應當住在夫家，像是家中重要的一分子般。她應和善對待家中其他女性成員，慷慨對待夫家僕人，並親切而有耐心地對待所有夫家的友人。她應當表現得像是比家中所有其他女子更懂得六十四藝；與丈夫若發生任何爭執，不應嚴厲指責他，而且要私下做好一切他希望的事，並妥善運用六十四藝取悅丈夫。她應當禮貌地對待丈夫的其他妻子，並送禮物給她們的小孩，宛如孩子們的老師一樣。對待丈夫的朋友與僕人，她應當表現得比丈夫的其他妻子更誠摯，最後，她應當樂於舉辦酒會、野餐，樂於參加園遊會或慶典，並樂於配合參加各種遊戲跟娛樂活動。

不受寵者

一個不被丈夫所喜，又因丈夫的其他妻妾感到煩惱挫折的女人，應當與丈夫最喜愛、最常服侍他的妻子結盟，然後將自己所有的技藝傳授給對方。

她應當扮演孩子們褓姆的角色，攏絡丈夫的朋友，並透過這些朋友，讓丈夫知道自己的忠誠與貢獻。她應當在舉行宗教儀式、宣誓和齋戒時，扮演領導者，但亦不可自視過高。丈夫臥床休息時，

■左：嫻熟六十四藝之女，必能擄獲夫心。圖中女子正以雙腿環抱夫背，令彼身體更為深入，而其夫則把玩著她的胸部。

■右：新妾應永遠尊重原配，凡事均先予以告知。

她只能在獲其同意時才加以靠近，而且永遠不得譴責他，或有任何
固執的表現。丈夫若與其他妻子發生爭吵，她應當讓雙方合好，丈
夫若想私下密會任何女子，她應當設法安排他們會面。她應當更加
深入瞭解丈夫人格上的弱點，但是要永遠保密，而且要藉由她的舉
止，讓丈夫視她為忠心耿耿的妻子。

後宮禮儀

後宮的婢女（分別有Kanchukiyas、Mahallarikas和Mahallikas*幾
種稱呼）應當替嬪妃們呈獻花束、香膏和衣服給國王，而國王在收
到獻禮後，應當把它們連同自己前一天穿戴的飾物一同打賞給侍

■左：妻妾不分先來後到，
　均應和諧共處，並共同參
　與所有家中舉行之宗教、
　社交聚會。
■右：圖中顯示一名年長農
　夫受到路旁美女的吸引，
　駐足加以奉承。貞潔女
　子不應站在門外或立於階
　前，否則會被輕薄好色之
　男視為一種邀請。

從。國王於午後著裝完畢、佩戴好飾物後，應當召見後宮的女子，這些女子也當穿戴整齊，披掛珠寶首飾。國王依嬪妃地位與當時場合，個別與之行禮問候之後，便應當與她們愉快地聊天。在這之後，國王應當接見嬪妃中身分為再婚的童貞寡婦者，然後再接見小妾和舞孃。上述女子都應在她們自己私人的房間內接受召見。

國王午睡起身後，負責通報陪寢名單的婢女，此時應與嬪妃的婢女們一同前來覲見。後者也許是當日輪值侍寢的后妃之婢女，也可能是前次被意外跳過，或先前因病而未能輪值侍寢者的婢女。婢女們應當將嬪妃贈送的香膏呈到國王面前，上面蓋有嬪妃戒指的戳印，還附具她們的名字以及贈送香膏的理由。這之後，國王會收下其中一位的香膏，而贈送者也會被告知自己的香膏已被收下，如此這般地決定當夜的侍寢者*。

出席慶典、演唱會和展覽時，國王的嬪妃們均應受到禮遇，以及酒水招待。不過，後宮的女子不准獨自外出，任何宮外的女子，除非是熟識之人，也不應允許其進入後宮。最後，國王的嬪妃不應從事過於勞累的工作。

關於以上主題，詩偈如是說：

擁有眾多妻子者，應當平等對待之。妻妾犯有過失時，不可視之若無睹，閨房秘事應守密，某一妻妾之愛意，熱情與身體特徵，耳畔指責之話語，不可轉告他妻妾。杜絕其於己面前，中傷其他競爭者，枕邊說人壞話者，應當加以責罵之，令其明瞭彼人格，亦有相同之污點。私下獨處時，應以不同法，分別予取悅。對甲增強其自

信，對乙特別予尊重，對丙讚美加奉承。遊園娛樂送禮物、封賞官位賜家人、分享秘密或交歡，分別採取上述法，取悅所有諸妻妾。性情良好韶華女，遵照聖典以行事，必能抓住丈夫心，打敗所有競爭者。

* Kanchukiyas，古時候於國王閨房中服侍的婢女稱謂，因她們總是以一種名為 Kanchuki 的布料束起胸部。婢女以往依例要以衣服遮掩住胸部，后妃則無需遮掩。此習俗顯見於阿彊塔洞窟的壁畫。

* Mahallarikas，字義為尊貴的女人，因此指的應是管理婢女的主管。

* Mahallikas，這也是後宮某一職等婢女的稱謂，此職位後來被宦官取代。

* 由於國王擁有眾多妻子，排班臨幸是很常見的作法。不過，某些嬪妃有時可能會因國王不在，或自己身體不適而錯過，遇有這種情況時，錯過的人與正輪到班的人抽籤，所有參與者的香膏均呈送至國王處，待國王收下其中一份後，即解決該次人選。

■左：國王與中選的宮妃正同處於後宮中，為眾婢女所環繞。他們與婢女們愉快交談，並於池中沐浴，令氣氛融洽，以便進行其後之交歡活動。

■右：圖中男子強力以腿夾住愛侶，進入對方身體。

第五章 引誘有夫之婦

BOOK 5 Seducing the Wives of Others

男女有別

Characteristics of Men and Women

स्त्रीपुरुषशीलावस्थापन प्रकरण

Stripurushasheelavasthapana Drakarana

先前章節提及，某些時機男子可與有夫之婦共享魚水之歡，但關於此一婚外情之可能性、彼此是否適合同居，與對方偷歡可能引發的危險，以及此一行為的後續影響，皆應仔細衡量。

誘拐有夫之婦的正當理由

若察覺自己對一名有夫之婦的情感已然熾熱灼升，難以承受，則他可向該女子求愛，以解救自己性命。

此類情愛分為十種強度：一見鍾情、心有靈犀、朝思暮想、輾轉反側、失魂落魄、形容憔悴、鬱鬱寡歡、寡廉鮮恥、心志失常、身體耗弱乃至暈眩或昏厥、了無生趣。

先賢有言，男子可從女子身形、身體的特殊印記，及其特殊訊息中，察知年輕女子的情意、真假、純真、意向與熱情強度。但筏蹉衍那認為，此類表徵並不足以表示其情感，還是得由行為、言語、肢體語言中加以驗證。

龔尼卡普特拉則認為，一般而論，女子面對英俊男子時，均無招架之力，與男子面對美麗女子時如出一轍，只不過大家都因種種考慮，而沒有採取進一步行動罷了。除非對女子而言，求愛不計對錯，也非別有所圖，則屬特殊情況。此外，首次為男子所求時，

■若女子主動給男子機會，並向他表露心中愛意，男子應逕與交歡。而女子應把握時機表達心意：以顫音與之交談，於隱秘處向其露出身體私密部位。

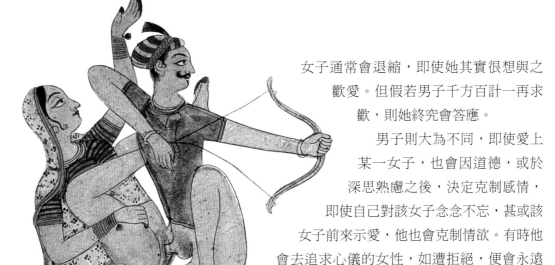

女子通常會退縮，即使她其實很想與之歡愛。但假若男子千方百計一再求歡，則她終究會答應。

男子則大為不同，即使愛上某一女子，也會因道德，或於深思熟慮之後，決定克制感情，即使自己對該女子念念不忘，甚或該女子前來示愛，他也會克制情欲。有時他會去追求心儀的女性，如遭拒絕，便會永遠把這段戀慕拋諸腦後。倘若某一女子已然芳心別屬，則他就會冷然以待。但也有人說，男子不會珍惜容易得手的女子，越難獵取，他越想獲致。

拒絕求愛的原因

女人拒絕男子求愛的原因有：深愛著夫婿、期望產下合法子嗣、時機不當、覺得對方言行過於放肆、彼此社會階級有別、該男子太重朋友、知悉該男子並非誠心、怕高攀不上、因對方體格強壯或態度魯莽而心生畏懼、彼此曾以純友誼關係同居過、因對方缺乏藝術修養而心生鄙夷、該男子性格浮動不定、因對方未留意到自己的一片深情而不悅、唯恐該男子的熱情會招致災禍、覺得自己不完美，害怕自己將被一覽無遺、懷疑該男子乃丈夫聘來測試自己之貞潔、對該男子之道德觀有所存疑。

男子應於第一時間去除所有可能之障礙。為了顯示自己的堅定心意，他要給女方時間去克服心中的羞怯，並設法增加彼此碰面的機會，讓女方知道有哪些途徑可以接近他。表現出平易近人的一面，讓女方不覺得他高不可攀。若自己的風評不佳，則要特意彰顯自己的英勇與智慧；若女方覺得以前受到了冷落，則要對她更加關切；若她感到懼怕，則要予以鼓勵。

情場聖手

若有男子總能將女子手到擒來，則此人必定頗精於愛情藝術，在關於愛情的各面向上都受過良好的調教。他可能善於講述故事；或以傑出的體育表現長期受到女性的讚美與肯定；常送禮物給女性，

■前跨頁：大部分女子皆不熟習性事，男子應仔細加以對待，並溫柔地予以引導。不過，如果女方已熟悉此事，當然不必如此小心翼翼。

■左：於情場中無往不利者，通常都嫻熟愛技、善於講說故事，或是與女方自幼相熟，或因善於運動騎射而名聞四方。

■上：圖中忙碌的男子暫停交歡，轉身向令他分心的獵物拉弓射箭。

並能流利優雅地與之交談；永遠對女性投以關注；年輕而富有魅力，卻在愛情上顯得純真而缺乏經驗；或者他瞭解自身弱點，反而受到女性青睞，主動投懷送抱。

此外，下列人等亦可為情場聖手：成長過程中有年齡相近之女性鄰居者；英俊而熱中性愛者（即使是與家中女僕歡愛亦無妨）；女方褓姆女兒的愛人；新婚者；喜歡參加野餐、宴會者；被眾人讚美為強壯、上進、勇敢者；比女方丈夫更有學問或英俊者；個性甚佳，瀟灑自在者；穿著出眾、品味優越者。以上均為容易獵取女子芳心者。

而容易上鉤之女子，則為：成天站在家門口盯著路人看的女人；常閒閒沒事，與鄰居男子同坐聊天者；丈夫無故另結新歡者；憎恨丈夫，或為丈夫憎恨者；膝下無子者；娘家無所庇蔭者；喜歡參與社交活動，煙視媚行周旋賓客間者。

喜歡征服女人的男子，常能輕取下列女子：演員之妻；年輕有魅力之寡婦；貧窮女子；性欲過盛者；夫家伯叔眾多者；愛慕虛榮者；憾於丈夫階級或能力不及自己者；對自己才能感到驕傲者；對丈夫的愚蠢感到不耐者；幼時嫁予富人，及長卻不喜其夫者；渴望具備某些個性、才能、智慧之男子者；無故遭丈夫輕視者；不受同種姓階級或容貌相當之女子尊重者；丈夫經常遠遊在外者；珠寶商之妻；善妒、貪婪、不貞、好淫、懶惰或未曾生育者。

關於以上主題，詩偈如是說：

愛欲雖自然，愛技猶能助，為汝增智慧，去除諸危險，令愛穩且安。聰明巧男子，衡量己能耐，觀察女訊息，引其注意力，出手莫不成。

■左：一位英俊戰士潛入國王的後宮，展現其非凡的性吸引力，並引來眾多女子與之同時行歡。

■上：女子後仰下腰，維持類似瑜珈的姿勢，以立姿進行交歡，令伴侶得以深入。

■右：聰明而自立之男子，若能謹慎觀察女子訊息動作中所透露的訊息，出手多能成功。

一親芳澤

Getting Acquainted

परिचयकारण प्रकरण

Darichayakarana Drakarana

■左：圖中所示，乃克利席
　那藏身樹叢，暗中欣賞愛
　侶的裸體之美。

■右：男子引誘有夫之婦
　時，必得聘請女性中間
　人，請其相助。

古人認為，男子若能親身出馬引誘女子，其成功率將高於派遣女性中間人，但若要誘拐有夫之婦，則仍以派遣女性中間人之成功率較高。筏蹉衍那認為：男性應該盡己所能親力親為，唯有別無他法之時，才聘請女性中間人居中牽線。有人堅信，作風大膽主動的女子，須由男子親自追求，而其餘女子則有待女性中間人之助，但此說乃為謬見。

製造見面機會

男子展開行動時，應製造機會與對方相互熟悉，讓自己能經常於自然或特別之情況下，出現在女方面前。所謂「自然之情況」，是指一方造訪另一方住所；而「特別之情況」，則指彼此在某位朋友、同儕、政府官員或醫者家中相會，或在婚禮、祭典、節慶或花園宴會中見面。

　　兩人相會之時，男方要小心地向女方表達情意：拉拉鬍子，用指甲製造聲響，讓耳環叮噹作響，咬咬下唇等小動作。如果女方看著他，他就要跟朋友聊聊這名女子或其他女人，向她表現自己的瀟灑氣度，以及自己對其他才藝娛樂的雅好。若正好與某女性友人同座，則要故意打呵欠、扭動身子、皺眉、漫不經心、以不感興趣的態度聽同座女子說話。

　　藉由與孩童或其他人之交談，一語雙關地向女方示愛，表面上好像是在談論第三者，實際上是在指自己所愛的女子。以指甲或棍子在地上畫一些關乎女方的記號；在她面前擁抱或親吻小男孩，並嚼一點葉捲檳榔，以舌頭遞給男孩；掐掐男孩的臉，摸摸或抱抱男孩。但這些動作只能讓該名女子見到。

　　男方要摸摸女方膝上的男孩，給他東西玩，再把東西收回。藉機與女方聊聊這個男孩，逐漸與她熟悉，好讓自己為女方親友接受。彼此熟悉之後，要找理由經常到女方家中造訪，並趁女方不在現場但得以耳聞的時刻，談論關於愛情的話題。彼此更加親近之後，要將一些存款或物品託管於她，然後不時向她取回一些；也可以送她一些芳香之物，或交付檳榔請她代為保管。接著，設法讓她

與自己的妻子熟識，讓她們進行一些舒服的交談，並讓她們單獨相處。

　　他可以聘雇與女方家相同之金匠、珠寶匠、編籃匠、染匠與洗衣工，好藉機常與女方相見。藉口經辦某些事務之故而公開、長期地造訪女方，並能自然順暢地編造出下一個藉口，好讓彼此有機會持續交流下去。不論何時，只要她想要什麼東西，都要向她表示：只要她需要，自己都樂意且有能力買給她；此外，還可以針對她有意學習的技藝，加以傳授。總之，要顯得事事都在自己能力掌握之內。當有他人同在時，則要談些關於其他人所做的事、所說的話，拿她所知道的珠鑽寶石給她看，但若她與你爭執這些珠寶的價值，則不管她怎麼說，都要表示贊同。

餽贈禮物

　　當女方與男方已經熟悉，可以從外在訊息和動作感知其愛意之後，男方就要盡力贏得芳心。但由於多數女孩對性事都不熟悉，所以男方要細膩、體貼地引導；當然，若與已有經驗之女子同歡，就無須如此費事。當看出女方已有意與自己歡愛、不再羞怯後，男方就要與之交換衣物、戒指與花，並鄭重地看待那些禮物，彷彿是價值連城之物一般。

　　要收受女方所贈之葉捲檳榔，並在共同出席宴

■左：當牧牛女們在河中裸身沐浴之時，克利席那惡作劇取走她們的衣物，爬到樹上去。不論她們如何威脅利誘、加以懇求，克利席那總不肯歸還衣物，於是牧牛女們只好暫且丟開羞怯，直接爬上樹去追索衣物。

■右：一位情欲熾燃的年輕薩度（sadhu，聖人），為女子所誘，情不自禁地與女子歡戲起來。

會時，向她索取髮上或手上的花朵。若贈送女方花朵，一定得是香花，男方並當以指甲或牙齒於花上留下記號。當彼此更加親暱之後，要去除女方的恐懼感，慢慢說服她隨他到一隱密處，加以擁抱。最後，贈送女方檳榔，或收受其檳榔時，則要觸摸女方私處，引燃她的性欲，設法遂其所欲。

切莫貪多

男子絕不能同時勾搭一名以上的女子，但在成功得手一名女子，並與之歡愛一段時期之後，就可以一方面藉著送禮來維繫感情，另一方面又開始對其他女子下手。若見到女子的丈夫來到附近，就要停止與該女子的偷歡動作，即使即將得手亦然。凡有智慧之男子，就該顧及名譽，切莫勾引心懷憂懼、驚恐，或是不可信賴、護衛重重或與自己有姻親關係之女子。

■若女子與男子初次相會後，更行盛裝前來再次相見，或主動約見於僻靜之處，則該男子只要稍藉強迫之力，便能令該女同意與之交歡。

確認心意

Ascertaining Emotions

भावपरिक्षा प्रकरण

Bhavapariksha Drakarana

當男子嘗試追求一名女子時，要先確認她的意願，並檢驗其行止；若她仔細聽他說話，卻沒有表示自己的意見，那麼男方就要動用女性中間人來贏得芳心了。

贏取芳心

若女方已與男方見過面，且於再次相會時更加盛裝打扮，或願意與他在僻靜之處相會，便足以確認他可藉一點強迫力量，令該女子就範。若一名女子接受男方示愛，卻始終不肯投降，那麼她很有可能只是在玩弄愛情；但人心難測，只要努力不懈，如是之女子並非不可能被征服。

若女子無視於男方之示愛，並因顧及名譽而不願與之相見或有所接觸，則追求此類女子之難度較高，但仍能藉著不斷拉近距離，或因機靈的中間人相助而成功得手。若女子與男方接觸時，口出穢語粗言，則絕不可再與之有所接觸。反之，若懷抱情意與男方來往者，則應設法與之歡愛。

若女子願與男方在隱密處相會，不排斥男方用腳加以碰觸，但卻假裝還不能決定是否要與之歡愛，則此類女子可用耐心和時間來征服。若她碰巧在他旁邊睡著了，則男方可以用左手加以環抱，待

■情欲熱度漸次提升之後，男方應設法驅除女方心中的羞怯，一再勸誘她跟隨自己到僻靜之所，並於彼處對其施以擁抱與親吻。最後則應碰觸女方私處，燃起她的情欲，然後再稍藉強迫之力，令其同意相與歡愛。

其清醒後，觀察她是真的排斥此動作，還是假意不悅，其實芳心竊
喜。

上述手部動作亦可改施之以腳。若女方不加抗拒，男方就可以
更進一步加以擁抱。若女方憤而起身離去，第二天卻表現得若無其
事，則她很可能不是真心拒絕；但若她自此不再出現，男方就要藉
中間人之助來贏取該女子。又假若女方消失一段時間後再度出現，
待男方一如往常，則可以認定她並不排斥與之交歡。

情投意合

若女方給予男方機會，並向男方表露愛意，則男方應引導她共
享愛事。由女方下列行為中，可更加確認其愛意：她會在男方尚未
主動說話時就開口搭訕；一有機會，即於隱蔽處擺出性感撩人的姿
勢；她會聲音顫抖、語無倫次，面上汗珠閃動；她會按摩男方身
體、按壓他頭部，且僅以一隻手從事按摩，另一手則環抱男方身體
私密處。

她會常常將雙手擱在男方身上良久，彷彿受到驚嚇或疲憊至極

■左：若國王欲寵幸之女，
正與非其夫婿之男子同
居，國王便可將之逮捕，
下罪為奴，收監入獄。亦
可派使臣與該女之夫交
涉，將該女當作敵婦囚禁
起來，藉由上述方法將之
留置後宮。
■右：此一反轉體位，能讓
男子在歡愛之時，恣意拍
打愛侶誘人的臀部。

一般。她有時會將頭垂放男方腿上，若男方要求她加以按壓愛撫時，不會加以拒絕。當她悄悄把一隻手放在男方身上後，就不再移開——即使男方壓住她的手，在自己身上摩挲亦然。即使她拒絕男方所有求歡動作，卻仍在第二天回到他身邊，再度幫他按摩。若女子既不鼓勵也不拒絕男子，卻一個人躲開來，就得藉她女僕之助。若男方呼喚時，她依然不加理睬，則此時必當藉助中間人的技巧。假若她仍無隻字片語回報男方，男方就要考慮日後再設法追求。

關於以上主題，詩偈如是說：

男子首先應自薦，與彼認識並交談。伺機表露心中意，若得悅納則無懼，起手安排歡會事。若女初會即示好，不費吹灰即可取。若有淫蕩好色女，聽聞男子之愛語，亦以愛語回報之，可知彼在此會前，早與他人同歡愛。謹以一語以概之：不論女子智或愚，特殊尋常易相與，明白向男示愛者，此類女子易獲取。

■左：男方應假借公事，頻繁造訪女方，並與之談論與愛相關的話題。須藉彼一公事牽引出下一公事，藉此與女方保持聯繫。

■右：中間人應向女方訴說其夫的薄情寡義、善妒無趣、冷感呆板、刻薄無誠等缺點，尤其要就女方較為在意的部分加以強調。

中間人之職責

Duties of a Go-between

दूतीकर्म प्रकरण
Dootikarma Drakarana

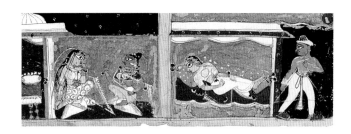

假若一名女子以暗號或肢體語言向人示愛之後，就變得絕少露面或消失無蹤，又或者她是初次與君相會，則男子應當拜託某位聰明的友人前去與之接觸。

女方與中間人的互動

這名擔任中間人的朋友，必須是女性身分，要能設法博得女方信任，在言談間巧妙地引導，讓她對自己的丈夫心生厭棄，並教導她一些懷孕得子的技巧、聊聊他人閒事，講述各種為人妻者的故事，讚美她的美貌、智慧、恩慈與性格，然後告之：「真是委屈您了，如您這麼完美的女子應該擁有更好的夫婿。佳人啊，您的丈夫連服侍您的資格都不夠呀！」

此外，還要向女方訴說其夫的薄情寡義、善妒無趣、呆板無誠等缺點，尤其就女方較為在意的部分加以強調。若女方夫婦為母鹿與野兔之結合，就無可置喙；但如果是母馬或母象與野兔的結合，則一定要為她指出此類性器不合之缺處。

龔尼卡普特拉堅信，若該女子尚無經驗，或者她以極其隱微的方式示愛，則男方必得派遣一名女方認識或信賴的中間人前去居中聯繫。

■圖中這位迫不及待的男子逮住機會，偷偷從後方與妻子交合，而後者仍繼續舂打著辣椒。

　　該名中間人要讓女方明白男方的一片赤誠，等女方對男方的信任感和情意提升之後，再伺機表明自己所擔負的特殊任務：「佳人啊，您聽我說，這名男人出身高貴，自從見到您之後就為您痴狂。這位年輕男子心地善良，正為情所困，苦不堪言，幾至於死呀！」

　　若女方聽見此番話語後，面露欣喜，或於言談間透露出相同的訊息，則中間人察覺後，就要於隔日再度為男方帶來求愛的訊息，並向女方講述阿哈莉雅與因陀羅神、莎昆塔拉與杜香塔，以及其他類似的愛情故事。並向她描述男方的英俊強壯、多才多藝、擅長巴布拉雅所傳之六十四藝，以及他跟其他名媛之間的聯繫（縱使出自杜撰亦無妨）。

　　此外，中間人還要留意女方行為。假若女方芳心已許，則她會報以微笑，挨著中間人坐下，問道：「您平常都到哪兒去？常做些什麼事？在哪兒用餐？在哪兒歇寢？在哪兒稍事歇息？」還會在隱密處與該中間人相會，與之交心，無聲地打呵欠，發出長長的嘆息，送她禮物，在慶典中打招呼，在告別時表露期待再次相會之意，並

■左：若女方已表露愛意，中間人就要把男方所託之信物轉交給她，好提升女方愛意。並大力讚揚男方，向女方描述男方的一往情深。

■右：一群牧牛女為情欲所使，團團圍繞著克利席那，心醉神迷。

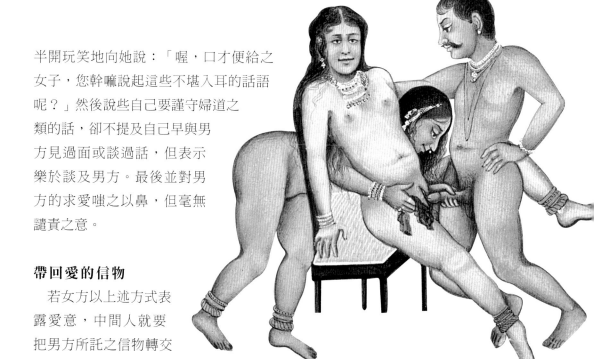

半開玩笑地向她說：「喔，口才便給之女子，您幹嘛說起這些不堪入耳的話語呢？」然後說些自己要謹守婦道之類的話，卻不提及自己早與男方見過面或談過話，但表示樂於談及男方。最後並對男方的求愛嗤之以鼻，但毫無譴責之意。

帶回愛的信物

　　若女方以上述方式表露愛意，中間人就要把男方所託之信物轉交給她，加深女方愛意。假若女方與男方並不熟識，則中間人要大力讚揚男方，向女方描述男方的一往情深。奧達拉卡有言，若男女雙方並不熟識，亦未曾互表情衷，則聘請中間人並無助益。不過巴布拉雅強調說，若男女雙方並未熟識，但曾互訴衷情，那麼就可能需要派遣中間人。龔尼卡普特拉則說，若男女雙方相互熟識，但彼此未曾吐露愛意，則應派遣中間人。筏蹉衍那則一貫堅持道，若男女雙方不熟識，亦未曾相互示愛，則有派遣雙方皆信賴之中間人的必要。

　　中間人應將男方託交的葉捲檳榔、香水、花束、戒指或其他禮物交給女方，這些禮物上還應有男方以牙齒或指甲留下的記號。他應以番紅花染劑，在所致贈的衣物上留下掌痕，以表赤誠。

　　中間人還應將葉子剪成的各種人形，以及耳飾、包藏情書的花串等，示予女方，以傳達男方情意，並勸女方回贈信物。當雙方收到對方信物後，中間人就可以為其安排會面事宜了。

安排會面地點

　　巴布拉雅一派認為會面之處應為廟宇、市集、花園宴會、戲院劇場、婚慶場合、祭典、節慶、河邊沐浴時，或遇到天災、有遭遇搶掠攻擊之虞時。龔尼卡普特拉認為，會面之安排應於女性友人或醫者、占星家、苦行者住處進行。但筏蹉衍那堅持，最適合會面的地

■左：若夫為野兔尺寸，而妻為母馬或母象尺寸，則受託擔任中間人者，一定要向該名妻子指出此類不合之處。

■右：「所謂中間人，能令情侶間，互相生敵意，亦能憑己意，讚美任一女。能為男宣揚，其愛或性技，復向女假稱，已有他女子，容貌勝於彼，傾心該男子。」

點是有隱密安全之出入口、足以預防突發事故，並能讓男方進出自如、毫無後顧之憂的地方。

各種女性信使

中間人或女信使有下列幾種類型：能察覺男女雙方的情意互動，而運用巧計讓雙方得以相會者，即所謂「熱心自發的中間人」。此類中間人主要是在男女相互熟識、交談過的情形下才會出現，她不僅是男方的信使，也同時是女方的傳話人，更常在許多愛情故事中穿針引線。此外，「熱心自發的中間人」還可以用來指稱下列人士：認為男女雙方頗為匹配，而蓄意加以撮合，儘管男女雙方可能互不相識者。

若該中間人察覺地下情的進行，或男方的進一步行動，而幫助他完成後續進程者，則稱為「力量有限的中間人」。

若該中間人僅擔任相愛而難以經常會面之男女的傳話者，則稱為「信差」。此一稱呼亦可指由男女某方派來告知會面時地之傳信人。

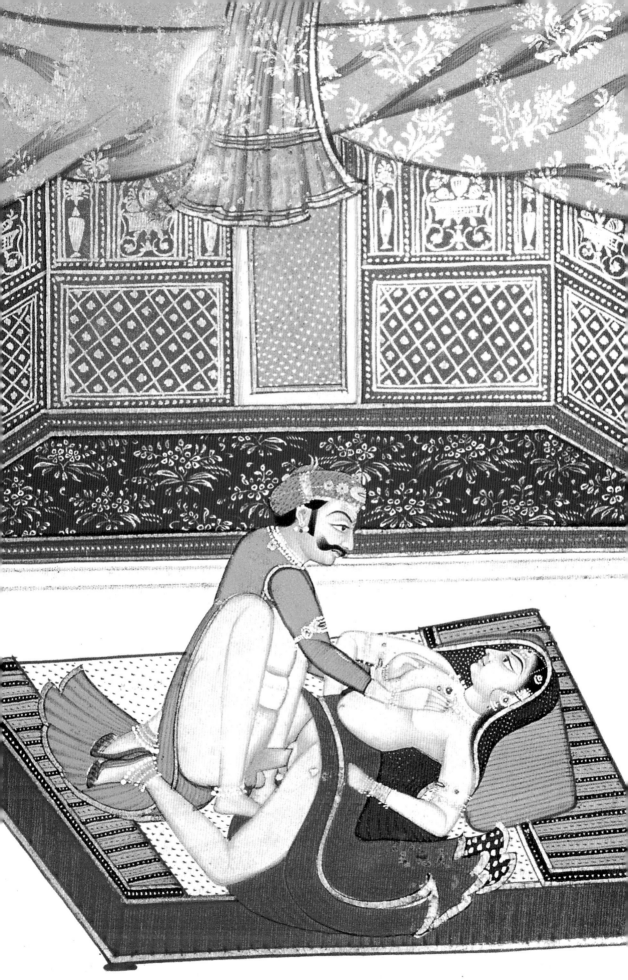

　　若有女子親自會見男子，告知自己曾於夢中與之交歡；提及男方妻子曾責備丈夫以情敵之名相喚，並對此事表示不悅；交給他留有自己齒印指痕的信物；告訴男方說自己早知男方對她有意，並問他自己與其妻何者較為美貌者；則該女子可稱為「代表自己的中間人」。男子應私下與此類女子會面交談。

　　所謂「代表自己的中間人」，還可以用來指：原本答應擔任另一女子的中間人，卻反把自己成功推銷給男方，讓託事於她的女方因此出局者。相同的，受託於男方的男性中間人，若未曾見過女方，卻於會面後贏得女方、導致委託人出局者，也可冠以此名。

　　若有中間人受到年輕無知的妻子信任，被主動告知許多秘密，得知夫婿的許多行為，然後引導女方如何向丈夫示愛，以確保自己受寵，並教導女方如何表達憤怒、假裝生氣，親身在女方身上示範如何以指甲和牙齒留下愛的印記，然後叫她把這些印記展示於丈夫面前，以引起丈夫興趣者，稱為「年輕無知妻子的中間人」。遇到此類狀況時，該名丈夫也要透過這位中間人來向妻子傳達訊息。

■左：城鎮婦女通常會拜訪後宮某些殿落中的宮妃，彼此認識之後，她們會在那兒過夜聊天、一起從事運動與消遣活動。此類場合中，國王的后妃裡，知曉國王垂涎某位宮外女子者，會四處逡巡，於該女子準備返家時與之攀談，將她誘至國王面前。

■右：女子將雙腿靠攏並上舉，讓情人從下方進入自己。

　　若有男子派妻子去贏取他有意染指的女子之信任，拜訪該女子，並向她宣揚丈夫的智慧與能力，則這位妻子可名之以「為夫傳信的中間人」。此類狀況中，女方的回應也要藉由該男的妻子來回傳話。

　　若有男子派遣未婚或已婚的女僕，找藉口去拜見女方，在所贈的花束、耳飾中夾藏情書，或留下齒印指痕以表情衷，則此一中間人稱為「無聲的中間人」。此種情形中，男方須要求中間人帶回女方的回應。

　　若該中間人能傳達一語雙關的訊息給女方，或將訊息夾藏在陳年舊帳之中，或能傳達令第三人不得而知的訊息者，則稱為「精通傳訊密碼的中間人」。在此類狀況中，對方的回應亦需向同一位中間人求取。

　　關於以上主題，詩偈如是說：

　　女性占星家，女僕或女丐，以及女藝者，均擅中間人，能於頃刻間，獲女子信任。彼能令男女，互相生敵意，亦能憑己意，讚美任一女，尚能教女子，歡愛之技藝。能為男宣揚，其愛或性技，復向女假稱，已有他女子，容貌勝於彼，傾心該男子。亦能代向女解釋，男方家中之壓力。

　　中間人能藉巧言撮合男與女，即使女未曾思及該男子，或未曾有欲及於該男子，亦能為女子贏回舊情人。

■ 上：男子偽裝成王宮守衛，潛入後宮與身為宮妃的情人相會。即使男子知曉後宮秘密通道，依然得先確認安全逃生路徑之後，方可潛入後宮。

■ 左：女子在情人懷中搖盪，情人則把玩著她的雙峰。

國王之行止
Behavior of a King

ईश्वरकामित प्रकरण

Jshwarkamita Drakarana

　　國王與大臣無緣造訪他人住所，行止動見觀瞻，頗失自由，一如動物之日升而起、日落而息。因此，王公大臣不能公開表現不當行為，否則將遭譴責。若實在很需要性愛的發洩管道，則應採取如下之適當方式：

引誘村婦

　　鄉鎮仕紳、地方官員、拾穗者皆能直接向村婦求愛並與之行歡，而該共與行歡之女子將因淫行而被冠以不貞之名。上述人等亦能藉其他機會而與女子行歡，如：支付薪資、運穀入倉、清理房屋、搬運家庭用品、田間工作，於適當季節購買棉花、羊毛、亞麻、大麻與毛線時，交易其他物資時，以及從事其他事務時。同樣的，牧場看守者就會在工作處所與婦女偷歡；正如同地方官員可以光明正大地藉著監管之名而與寡婦、失婚婦女行歡；城市官員能於夜巡時，藉權勢以及對女子秘密之洞悉，與孤身女子行歡；市場管理員能藉職務之便，趁村婦到市購物時與之偷歡。

誘拐婦女至王宮

　　第八個滿月節——亦即瑪迦許沙（Margashirsha）月中的上半月期

間、卡提卡（Kartika）月中的月光節期間，以及迦特拉（Chaitra）月中的春節期間，城鎮婦女通常會到王宮裡拜謁國王後宮的后妃。婦女們拜訪後宮某些殿落中的宮妃，彼此認識之後，會在那兒過夜聊天，一起從事運動與消遣活動，並於次晨返家。

在此類場合，國王的后妃如知曉國王垂涎某位宮外女子者，會四處逡巡，於該女子準備返家時與之攀談，並將她誘至宮中。該位宮妃應於上述節慶到來前，設法與該女子相識，好在節慶期間為她介紹宮中有趣的事物。她要順勢向該女子展示花園中供憩歇之用的宅邸，包括大理石屋、葡萄亭、水中亭，以及秘道、畫作、騎獸、禽鳥，以及籠中的獅子、老虎等。

之後，當有機會與之獨處時，便可先要求該女子嚴守秘密，然後透露國王的愛意，並說明與國王行歡的好處。若該女子不願接受此項提議，則當贈以與國王地位相襯的上等禮物，好安撫並討好該女子；然後送她一段路程，留給她一個好印象。

此外，國王的妻妾亦可在跟國王所垂涎的女子之夫熟識之後，設法邀請該女子造訪內宮，由一名妃子為代表，以恰如其分的方式為該女子引薦。

亦可從后妃中找一人為代表，與國王垂涎之女子接觸，與之熟識，勸誘她到宮中造訪。

后妃的角色

擔任代表之后妃，要邀請國王所垂涎的女子到宮中，觀察她對性事瞭解的多寡，於必要時加以教導，並順勢勸誘她接受國王求愛。

受國王垂涎的女子，若其夫已失財富，或因某種因素而畏懼國王威勢，則后妃可派遣一名女丐告訴該女子：「國王的某后妃已經為汝夫在國王駕前美言，該后妃為天生良善之人，是以我等一定要向其求助。我會安排您入宮覲見，無須恐懼國王會有所怪責。」若該女子接受提議，則女丐要多帶該女子到宮裡去，而受訪的后妃也要承諾予以保護。當該女子對宮裡留下好印象而再次造訪時，國王就可伺機與之接觸。

上述策略亦適用於下列后妃：希望得到國王臨幸、受到某些官員壓迫、或貧窮、地位較卑下、渴望獲得國王恩寵、希望一舉成名、受到其他同級后妃排擠、意圖藉此迫害其他同級后妃者，或其人根

■前跨頁：國王正與某位宮妃採取坐姿歡愛。男方緊握女方雙乳，而女方手持男方陽具以導入己身，雙方正渴望著彼此。

■左：拉德哈與克利席那在花床上熱烈依偎相擁。

■上：圖中這對年輕且精力旺盛的男女，在熱烈狂暴的歡愛中相互交纏。

本是國王所遣之間諜，或懷有其他目的者。

國王的權力

若國王所欲寵幸之女，正與非其夫婿之男子同居，國王便可將其逮捕，下罪為奴，收監入獄。亦可派使臣與該女之夫交涉，將該女子當作敵婦般囚禁起來，藉由上述方法將之留置後宮。

上述獲取人妻之法，主要都在宮中進行。無論如何，國王絕不能直闖民宅。史有前例，寇塔司（Kottas）國王阿布西拉（Abhira）就是在某位洗衣工家中被殺害，卡席司（Kashis）國王亞亞席那（Jayasena）也是在同樣狀況下被其騎兵指揮官所殺。

不過，某些國家的習俗允許國王享用人夫之妻，例如安得拉（Andhra）的新婚女子都要在婚後第十日帶著禮物入宮，在受國王寵幸後才得以被遣返；筏蹉古瑪斯（Vatsagulmas）地區大臣之妻均須於夜晚入宮服侍國王；衛達哈（Vidarbha）居民中妻妾之美者，要在宮中服侍國王一個月，並要表現出欣喜樂意；阿帕朗塔卡司（Aparantakas）人民要把美麗的妻妾進獻給國王與大臣；紹拉席特拉（Saurashtra）的女子，不分城中或鄉間，均須入宮服侍。

關於以上主題，有兩首詩偈宣說如下：

上述所說之方法，均為諸國王所施，用以獲取他人妻。若欲施德得人心，則不應行上述法。為人國王者，應克服六欲：貪嗔與癡愛，傲慢與嫉妒，方能為人王。

■左：當女子對宮裡留下好印象而再次造訪時，國王就可伺機與她接觸。

■右：女子們至河中沐浴時，是年輕男子得以避開眾人、與情人相會的理想時機。

後宮女子之性愛行為

Conduct of Ladies of the Inner Court

अन्तःपुरिकावृत्त प्रकरण

Antahpurikavritta Drakarana

後宮女子受到嚴密監護，不能與其他男子相會，亦不得見其他男子，是故無以求得性欲之滿足，更甚者，幾乎所有后妃都處於同樣狀況中。因此，此類女子會藉著下列方法求得性滿足。

各種性滿足之法

　　把褓姆之女、女性友人或女侍打扮得像男人一樣，令其以植物球根、樹根，或狀如陽具之水果作為性具進入自己身體；或趴在男性雕像上，迎合雕像豎刻之陽具部位。

　　某些性欲高強的國王會服用藥物，好於一夜之中享用許多女子，即使自身並無情欲。但有些國王只與他們偏愛的后妃共度春宵，有些則令后妃輪值。這些方式在東方國家尤其通行。女子所用以自我滿足的各種方法，亦適用於男子。

　　某些無法獲得女人的男子，只好訴諸非自然的性交方式，比如與母馬、母羊、母狗獸交，或運用假陰道或女子雕像，或自行手淫。

男子潛入後宮

　　後宮女子會命令女侍助其獲取男子，將男子妝扮成女子混入後宮。後宮女侍，或后妃褓姆之女，得知后妃欲望者，會將男子誘入

■一位處於緊張狀態的宮妃，在女僕協助下，正與情人秘會，並以顛倒陰陽之姿與之交歡。

宮中：以財富加以利誘，告訴他們出入宮中有多容易，皇宮有多大，而守衛又有多鬆懈。但絕不能以謊言誘使男子入宮，以免東窗事發，造成毀滅性的後果。

男子本身亦應意識到入宮後所可能面對的災禍，即使入宮並不難。他要確認出宮捷徑之有無，是否鄰近偷歡之處，確認偷歡之處有重重屏障，守衛也的確很鬆懈，而國王又不在宮中。被召喚入宮時，要小心觀察地形，依指示潛入宮中。

倘若情況許可，他應日日到王宮附近走動，與侍衛熟識，讓侍衛知道他與後宮女侍關係頗近，也知曉其意圖，亦可在不得其門而入時向彼等表示遺憾。他可請侍衛安排一位能出入後宮的中間人，還要留意莫被國王派來的密使發現。

倘若中間人無法進出後宮，就要站在自己所愛或所欲之後宮女子得以相望之處。倘若該地有侍衛看守，則要假扮為某位後宮女侍，因任務之故而造訪該處。當對方女子望見自己時，要以暗號或手勢令她知悉自己的欲望，展示對方畫像、帶有言外之意的物品、花串或戒指。要小心留意對方的回應，不論言語、暗號或手勢，然後設法潛入宮中。

若確認該女子會到某一特定地點與之相會，就要潛至該處，於約定時間假扮成守衛與之相會。亦可躲藏於密封櫃中、或以被褥遮蓋，或運用其他能遮蔽形體之方法出入後宮。

■前跨頁：克利席那與牧牛女們。
■左：某些性欲高強的國王會服用藥物，好於一夜內享用許多女子。但有些國王只與他們偏愛的后妃共度春宵，有些則令后妃輪值。圖中的國王與愛人正採取極不可能的姿勢行歡。
■右：女子岔開雙腿，好讓情人碩大的陽具得以進入。

方法之一為：燃燒長葫蘆心（tumbi）或蛇眼，莫使出煙，再以其灰燼加上等量之水，抹在眼睛上，便能令人暫時失明。其他隱形之法見乎度亞那婆羅門（Duyana Brahmans）與印度教密行者的教法之中。

也可以在瑪迦席拉月的第八月節，以及月光節期間進入後宮，因為在此時期，女侍們都非常忙碌，無暇他顧。

以下為普遍之原則：年輕男子出入後宮之所，通常是

貨物之出入口；適當的時機則為飲酒節期間、後宮女侍忙碌期間、后妃居處輪換之時、后妃到花園或市集時、后妃返回後宮時，或國王長遊在外時。後宮女子知曉彼此的秘密，有共通之需求，因此也會相互協助。得與後宮諸女交歡的年輕男子，若能以齊一的態度相待，便能在事蹟未被發現前，長期與彼等女子共享性愛。

多變的習俗與方式

阿帕朗打卡司地區的後宮女子並未受到嚴謹監護，所以常有年輕男子由經常出入該處之女子帶入宮中。阿席拉國國王之后妃，會與有「次等武士」（剎帝利〔Kshatriyas〕）稱號之宮中守衛暗通款曲。筏蹉古瑪斯地區的后妃，則請女信使帶合適之男子進宮。衛哈爾巴國（Vidharba）的皇子則在皇母允准下，依己意進入後宮臨幸宮妃。史提拉雅（Stri Rajya）的后妃則與同種姓族人、親戚交歡。高達（Gauda）后妃則與婆羅門、朋友、僕人與奴隸偷歡。新德乎得許（Sindhudesh）后妃則與僕人、養子、以及其他類似人等暗渡陳倉。喜瑪筏塔（Himavata）的大膽男子會賄賂守衛以進入後宮。凡雅司（Vanyas）與卡密雅司（Kamyas）地區的婆羅門則可在國王默許下進入後宮，以花朵贈送后妃，在帷幕後與之交談，並與之交歡。普拉其雅司（Prachyas）國王所私蓄之女，則會九人或十人成群暗渡壯男入宮。

■左：圖中神奇如特技般的姿勢，可能是畫家用以娛樂國王，讚揚其獵豔交歡的高超能力。

■右：一對皇家男女正觀賞著舞者的表演。

保護己妻

先人有言，國王應選擇寡欲有節之人加以訓練，任命為後宮守衛。但此類人等仍有可能因恐懼或貪婪，擅放外人入宮。因此，龔尼卡普特拉說，國王還要注意守衛的操行，訓練其免於恐懼貪婪。筏蹉衍那則強調，唯有受到法理教誨者，方能予以信任，所以宮中守衛不但要清心寡欲、不貪不懼，還要擁有無懈可擊的節操。

巴布拉雅一派認為男子應讓妻子與某一年輕女子為友，而彼年輕女子則將告知關於其他人等及其妻是否貞潔。但筏蹉衍那仍認為，居心不善者總是知道如何掌控女人，是故男子絕不可讓純真的妻子為不善之女所誘。

會讓女子失貞的主要因素有：參與社交活動；在與其他男子的關係中失去自制力，或一時不察；長期與夫別離；居住外地；與不貞之女為友；對丈夫失去愛意與情意；或想與丈夫平起平坐。

關於以上主題，詩偈如是說：

聰敏男子習愛經，習得誘拐人妻術，便能不受妻所欺。但是不當以此術，存心誘拐他人妻，行多夜路終遇鬼，必將招致災與禍，令失法益與財富。是經本欲令人善，教人保護其妻妾，不可反以盜人妻。

■左：圖中男女正以富於韻律與動感的方式進行前戲，其動作優雅宛如舞蹈。
■上：圖中男子正採取難度極高的姿勢，由上而下與女子交歡。
■右：圖中顯示一位王子正於交歡之所與多名宮妃同戲。

第六章　高級交際花

BOOK 6 The Courtesan

媚惑正確對象
Beguiling the Right Man

स्त्रीपुरुषशीलावस्थापन प्रकरण
Sahayagamyagamyagamanakaranachinta Drakarana

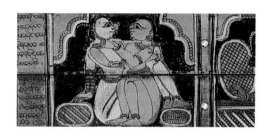

本章描述對象乃高級交際花，而其內容則是筏蹉衍那擷取自兩千多年前，達塔卡為帕他利普特拉（Pataliputra）與帕特納（Patna）地區女子們所寫的著作而來。達塔卡的原著雖已佚失，但此一現存的摘本卻非常有用。

雖然高級交際花的主題，向來談論已多；但若針對該等女子的期望、想法、心思之描述而言，則無一能超越本篇之探究。

古印度之高級交際花

一談到古印度的家庭與社會生活，就不能不提到高級交際花；在當時，她們不僅被認可為社會的一分子，假若舉止合宜守分，還會被給予相當的尊重。她們在東方社會裡，從未遭受如西方一般粗暴輕蔑的待遇，此外，其教育程度也尤勝於其他女子。

在古印度，一位受過良好教育的舞孃或高級交際花，其地位無疑等同於古希臘之交際花；在其所屬時代裡，她們比一般已婚或未婚女子更能被接受成為男子之社交伴侶。當然，所有的時代裡，都存在著貞潔與不貞之間的抗爭；但有的女人根本是天生的交際花，會依循自己天生的直覺，在所屬的種姓階級社會中求生存。所以某些學者便說，每個女人天生就懂得如何賣弄風情，無不盡己所能地去

■交際花在古印度被視為社會的一分子，並享有一定的地位。

挑起男性的性欲。

交際花透過與男人性交，以獲得性滿足與生活所資。當一名交際花與一名男子因相戀而交往時，其性交乃出於自然；但若是為了獲取金錢，則該性交就是出於矯情，甚或是被迫而為。但即使在後者的狀況中，她仍得假裝十分喜悅自然，因為男人的自信來自於女人的愛。向男人展現其愛意時，交際花還要避免貪婪；而且，為了確保其信譽，要避免以非法手段向男客索取金錢。

理想的包養者與保護者

交際花打扮妥當並戴上首飾之後，就要現身於房門口，或站或坐，好讓路上行人看到她，有如待售的商品。對於那些能幫她們把男人從其他女人身邊吸引過來的人，應與他們為友，並打好關係，以便讓自己有機會跳脫悲慘的命運，有機會獲得財富，亦能保護她免於恩客的欺侮。

此類人等包括：該市鎮上的護衛或警察、司法人員、占星家、有權勢者或學者、既得利益者、精通六十四藝的老師、密友、門客、弄臣、花販、香料商、出賣靈魂者、洗衣工、理髮師、乞丐，以及其他任何能幫上忙的人。

交際花會因為金錢而與之交往的男人有：收入由個人獨立掌控者；年輕英俊、未受束縛者；受命於國王之當權者；能保護該交際花之生計者；擁有穩定收入且充滿自信者；女性化卻希望能令他人改觀者；與該交際花之對手有仇怨者；天生自由者；對國王或大臣有影響力者；不服長輩管教，被同種姓階級人士特別加以留心者；富家之獨子；為心中欲望所折磨的苦行者；皇室御醫；以及一些舊識。

完美男女之特質

交際花應珍愛並稱頌擁有美好特質的男子。此類男子出身高貴、教養良好、外向、活力旺盛，智慧高且能在正確時機採取正確行動；他們可能是詩人、說書者，精通各項才藝；眼光遠大，堅忍不拔，忠誠懇切，不受美色動搖，強壯，不沈溺於杯中物，性能力強，善於社交，有魅力，懂得向女人示愛卻不至於受其掌控，有獨立收入，個性開朗而不善妒多疑。

■ 這幅作於二十世紀的帕塔（pata）布畫，來自奧瑞撒，乃繪於衣物之上。圖中女子雙腿岔開，蓬門悠敞，坐在情人大腿上。

　　而美好的女人則應具備以下特點：美麗、可親、身上有吉祥印記、性情堅定、能欣賞他人優點、渴望財富、喜歡因愛而生的性愛關係、能與男人享受同等的性愛愉悅。她應有急切的求知欲、好學、不貪婪、喜歡社交與藝術活動。

　　女子之天生特質為：聰慧、性情令人愉悅、有禮、坦率直接、懂得感激、有遠見、言行一致，能在對的時機做對的事情、不刻薄、不惡毒、不貪婪、不愚蠢、通曉《愛經》並嫻熟六十四藝。

　　交際花避之唯恐不及的男子為：虛弱多病、有寄生蟲、口臭、與妻子情深意濃、言語粗鄙、多疑善貪、性情冷酷、太過害羞、驕傲自大、小偷、喜歡巫術、待人有偏見，以及會被仇敵用金錢收買者。

娼妓接受情人的原因

　　先賢以為，交際花會為了：愛情、恐懼、金錢、歡悅、復仇、好奇、憂愁、需要長期性伴侶、責任、成名、同情心、友誼、羞恥、

與自己愛人相似之人、躲避某人的追求、藉著與對方的性愛關係提升個人地位、與對方同居一處、貞潔、貧窮，而獻身於某一男子。但筏蹉衍那則斷定，只有為了求取財富、逃離不幸命運和愛情，才能讓交際花與男子結合。

交際花不應為了愛而破財，因為金錢正是她從事此業之主因。但若自身正處於恐懼威脅之下，則應另外留意對方的力量或其他特質。即使有男子主動求歡，她也不可立刻應允，因為男子們會看不起容易到手的女子。

遇到上述情況，她應派遣她的按摩師、歌手、弄臣，或在此等人員不在時請密友與其他人等，去確認對方的情意與心態，衡量其人是否用心純正、出於真情，是否有足夠的熱情、是否慷慨或吝嗇。得知上述訊息後，若她對該男子也有好感，則可派遣門客和其他人員前去邀請對方。

其後，擔任中間人的這名密友，就要以觀看鬥鵪鶉、鬥雞或鬥

■左：交際花透過與男人性交，以獲得性滿足與生活所資。即使是為了獲取金錢而與男子來往，她仍得表現得十分真心、毫無做作。
■右：交際花不當委身於病弱或口臭的男子。

羊，或聽八哥學舌、欣賞藝術表演等藉口為由，將這名男子帶到交
際花住處，或把女方帶到男方之處。等男方到了交際花住處後，她
則要含情脈脈地以禮物相贈，告訴他那是專門為他而備，以燃起對
方的好奇心與愛意。她要說故事來取悅他，以各種行動討他歡喜。
在他離去之後，還須不時差遣女僕送小禮物過去，而該名女僕必須
是受過訓練、精於談天說笑者。有時候，在密友陪伴下，她也可以
假借有事相找而前往造訪。

　　關於以上主題，詩偈如是說：

　　當彼恩客來造訪，女郎當贈檳榔葉，花環香膏與表演，與其交談
取悅之。愛情小禮當相贈，與男交換私人物，同時展現性技巧。兩
人同歡後，常贈男禮物，情話相交談，溫柔來相待，以取悅男方。

■左：交際花當嫻熟六十四
　藝，尤其須精於舞蹈與取
　悅恩客之術。
■右：交際花不當委身於言
　語粗魯，或行為卑下而受
　到鄙夷的男子。

行如人妻

Living as His Wife

कान्तावृत्तप्रकरण

Kantavritta Drakarana

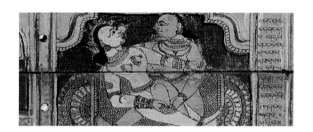

　　若交際花有機會以妻子角色與情人同居一處，她要表現得就像該種姓階級的女子般，事事令他滿意。她的責任是討好他，卻不膩著他，即便是假意，也得裝出樣子來。

　　為了達成此目的，她需有鴇母相陪，該名鴇母必須言行粗厲，並以幫她管理錢財為要務。若交際花沒有親生母親，則可找年長而值得信任的奶媽來擔任此一角色。該名鴇母要對交際花的情人表現出不太滿意的樣子，把她從男方那兒強拉離去。而該交際花在密友陪伴下，可常假意對此表現出生氣、灰心、害怕、羞愧狀，但卻永遠不可違背鴇母的意旨。

討情人歡喜

　　交際花可告訴鴇母說，對方這名男子正為病所苦，假借此一理由去拜訪他。並以下列行動討其歡喜：於造訪之前一日，派遣女僕將男方所贈花朵帶過去，作為兩人情意的象徵；而上述花朵亦可以葉捲檳榔代替。

　　應對男方之性知識和性技巧表現出嘆服之意，並向他學習巴布拉雅所傳之六十四藝，始終採取男方所喜愛的歡愛方式；守住對方的秘密，把自己的欲望和秘密告訴他，並隱忍心中的不悅。

■交際花應美麗、可親，身有吉祥印記、心志堅定、渴望財富，並樂於與人交歡。

在床上，若對方轉身面向她，則永遠不可加以忽視；並且要碰觸他想被碰的地方；在他睡著時加以親吻與擁抱；當他陷入沉思時，要以明顯的焦慮模樣加以注視。

若交際花在自家陽台上，看見走在馬路上的該名男子，則她此時不可顯得毫無廉恥，亦不能太過害羞。並應與他一起憎恨其仇敵，愛那些待他好的人。

她要隨時配合對方情緒之高低，以調整自己情緒；要表示好奇想見他的妻子；要控制自己的怒氣；要對他身上的爪痕齒印表示懷疑，不論那是她自己或其他女人留下的；要以行動、信號和暗示表露出對他的情愛；在他睡著、喝醉、生病時保持靜默；當他講述自己的豐功偉業時要專注聆聽；當他深情相依時，要機智聰慧地加以回應。傾聽他的所有故事——除了與她的情敵有關者；並在他嘆氣、大呼小叫或挫敗時表示難過；在他打噴嚏時祝他長壽；還要假裝生病，或表示想懷他的孩子。

交際花還要避免在他面前稱讚別人，或譴責那些跟他犯相同錯

■前跨頁：當交際花以情人的妻子角色與之同居時，她應表現得教養良好、事事令情人滿意。她的責任就是取悅情人，但又不可纏著對方；即使出於偽裝，也得做到。

■左圖與下圖：圖中男子完全沉浸於交歡之中，而交際花美麗而精於愛技，既懂得表現愛意，又能展現六十四藝，是以能擄獲男子之心。

誤的人；在他生病、受傷、低潮或遭遇不幸時，避免穿戴首飾或進食。相反的，她應該表示同情與哀嘆，並在他遠離家鄉或被放逐時，表示願意隨同前往，告訴他自己的人生目的與期望就是跟他在一起。

在他祈求獲得財富、實現願望或脫離疾病災難時，要向神明表示願意犧牲自己，好成全他的祈禱內容。必須每日舉措謹慎；在歌中提到他的名字和他的家族名稱；將他的手放在自己腰部、胸部、額頭之上，在享受到他的觸摸所帶來的喜悅之後才睡著；還可以坐在他膝上入睡。

誓言，齋戒與祈禱

要勸他別發誓或從事齋戒，並說：「讓那些罪過歸咎於我吧！」但假若他心意已決，就陪著他一起發誓、齋戒。若兩人對這些儀式有所爭執，就向他表示：此類儀典本來就難求實證，在她看來亦然。

■ 左：女子在情人強壯臂膀支撐下，以懸吊體位與之交歡，下身同時運用技巧向前衝擊，好讓情人得到最大的快感。

■ 右：圖中女子害羞地以黑色長髮遮住胸部。

小心看顧他的財產，猶如看顧自己所有一樣。應避免不在他的陪伴下出席社交場合，並應在他出席時陪伴著他；樂於使用他用過的東西，樂於與之共進飲食；尊崇他的家族、性情、藝術休養、學識、種姓階級、容貌、出生地、朋友、優點、年齡、好脾氣等等；要求他唱歌，或從事其他他通曉的相關表演；無視於恐懼、寒冷、炎熱、雨天，照樣前往相會；告訴他死後仍願與之相守；讓自己的口味、喜好與行動與之一致；避免接觸巫術。

總是與鴇母為了與情人相會而爭執，假若被迫往赴其他邀約，就要向鴇母表示自己寧可服毒、絕食、自戕、上吊；經由這些表態，讓男方相信她的堅貞與愛意。交際花當親手收受金錢，但不可就此與鴇母起

衝突。

當男方遠遊時，要請他發誓會盡快歸來；而自己則要在對方離開期間謹守誓言，僅穿戴祈求平安的首飾。若他延遲返家，就要藉由各種兆頭、人們的說法，或行星、月亮、星辰的位置，來評估他的來歸日。在娛樂場合與吉祥夢境當中，要說：「請讓我儘速與他相聚。」若內心感到憂鬱，或見到不祥預兆，就要舉行儀式向神明祈福。

情人歸返後，她要朝拜愛神卡瑪德瓦（Kamadeva），向神明獻祭，並請友人攜來一壺水，向啄食祭品的烏鴉獻禮，並祭拜已故親友。兩人首次碰面時，應要求男方也參與一些儀式，以證明他對自己有足夠的情意。

真愛

當一名男子對其他女子毫無興趣，總在身邊放著戀人之物，並對她全然信任，也毫不吝惜金錢時，表示他真的愛上了該名女子。

以上為一名交際花以妻子角色與情人同居時的行為準則，乃取自達塔卡所擬之規範。若有此間未曾述及者，則應依據各地風俗民情與個人性格來加以施行。

關於以上主題，詩偈如是說：

女人之愛無可測，對其愛人亦如是，只因女子性聰慧，其愛纖細又幽微，對愛貪求無所足。女子真心甚難知，即使有愛於男子，特別相待又討好，仍有可能背棄之，盡取男子諸財產。

■圖中顯示兩位富有權勢的聖者（rishis，又譯為智者）正分享著一位可口、豐滿而技巧精湛的交際花。交際花有時必須特意結交權勢人士，好保障自身安全與前途。

牟取財物

Acquiring Wealth

अर्थागमोपायप्रकरण

Arthagamopaya Drakarana

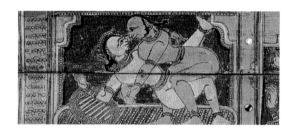

交際花得以依照規定，或在對方同意之下，或以伎倆向其收取金錢。但古德有言，即使交際花能從情人身上取得大量金錢，也不當使用伎倆來達成目的。而筏蹉衍那堅持，交際花雖可收受情人自願交付之金錢，但若她使用了伎倆，則她的人格將受懷疑，而其行為亦將等同於敲詐勒索。

使計謀財

　　向情人牟取金錢的伎倆有：向他要錢購買首飾、食物、飲料、花朵、香水、衣物，卻未曾如實購入，或者所花額度差異甚大；或當面讚揚男方之智慧，促使他於發誓、敬樹、花園宴會、寺廟盛宴以及色節（Holi）等節慶場合中贈以禮物；詭稱自己的珠寶在前往男方家的路上，被國王的侍衛或強盜搶走；宣稱自己的財物被粗心的僕人不慎燒毀；假稱遺失兩人的首飾；或經由第三人，讓他知道自己為了前來造訪，花費了多少金錢；或以其名義舉債；或蓄意與鴇母為了自己在他身上所花費用而起爭執；或宣稱自己因為手頭拮据，無法購買禮物回贈朋友，所以不能參加朋友舉辦之家宴；或假稱因預算受限而未能完整舉行全套節慶儀式；或聘請藝術家來為他演出；或與醫者、大臣等人士私下勾結，以便獲取男方財產。

■交際花永遠不可忘失自己的主要職責——從恩客身上獲取金錢——不論是合法獲取或運用機巧而得。

其他牟取錢財之藉口尚有：友人或恩人有喜或有難，必須予以協助；為協助支付友人之子的婚禮費用；或假稱有病，需要醫藥費；或提出妊娠期間的特別需求；或以致贈他紀念品為由，而將個人首飾、家具或廚具賣給與自己同謀之商賈；或以購買昂貴而別緻之廚具為由；或記住他從前的喜好，請朋友或身旁隨從不時提及；或向他誇稱自己的對手財富之多；或當著他與其他交際花面前，誇稱自己受贈財物之多；或公開與鴇母爭吵，表現得好像鴇母正勸她重回更富有的恩客懷抱似的；或讚美他的敵人有多慷慨。

擺脫情人

女子應隨時從情人脾氣、行為或表情上的變化，留意到他的心態、感情與性格。若他的贈與少於女子之期望，或逕自以其他物品替代，或他提出了虛假的承諾，給予希望之後卻陽奉陰違；或者未能實現她的願望，忘其承諾，反與僕人東拉西扯、秘密交談；或他總是找藉口別宿他處時，表示他的愛已漸漸消退。

若交際花發現情人心意已變，就得在他發現自己的意圖之前，搶先占有他的貴重財物。可託一位可信之人強行取走這些財物，假稱是用來抵債。之後，假若該情人仍然非常富有又待她極好，則她應持續予以尊崇；但若他變得窮困，就應離棄。

想擺脫情人時，可詆毀其嗜好習慣，將之描述為不被接受、應受譴責之惡習，然後邊跺腳邊譏嘲；可談及他所不熟悉的話題，藉以嘲弄他的無知、貶低他的自尊；

■左：圖中的年輕交際花運用她所習之性愛技藝，騎坐男子陽具之上，令男子在獲得性滿足之同時，又得以觀賞她豐潤的臀部。該男子正運用雙腿讓下身大力向上衝刺。

亦可找一名學識智慧都優於他的男性為伴，在所有場合中無視於他的存在；在他面前譴責那些跟他犯同樣錯誤的男人；對他的性愛技巧表示不滿，不讓他親吻自己，不讓他靠近自己的床舖，說他無權碰觸自己的身體；或對他所留之齒痕指印表示不悅；在被強迫性交時表現得無動於衷；在他疲憊時加以挑逗，然後嘲弄他性能力不足；譏笑他對自己的糾纏；在他擁抱自己時假裝睡著；或在他日間求歡時故意外出訪友。

貶低情人的方法還有：誤解其語意，沒來由地狂笑一番，或在他出糗時哈哈大笑；在他說話時，把眼光不屑地瞥向身旁的僕從；在他講話時拍手加以打斷；在他講故事時出言打岔，扯開話題；到處宣揚他犯的錯和失德之處，彷彿他是個無可救藥的敗類；用輕蔑語氣向女僕談及他；當他接近時不正眼看他；向他提出不可能的要求，最後則將之打發。

■左與右：一名由樂師與舞者伴隨的交際花，正在宮中為國王獻舞。此類演出可以獲得豐盛的獎賞如金錢、黃金、珠寶等。

關於以上主題，詩偈如是說：

交際花之責，在維持關係。深思又熟慮，盤算其利益，擄獲適當者。與之共依附，向其取財富，盡得則遣之。採取是法為人妻，不憂情人為數多。交際花以此法，獲得大量財富。

能屈能伸

Reconciliation

विशीर्णप्रतिसन्धानप्रकरण

Vishirnapratisandhana Drakarana

當交際花賺走情人所有財富,並加以拋棄之後,就可以回頭去找舊情人。但這位舊情人必須變得比從前更為富有,而且心意不變。假若他已與其他女子交往,她就得小心考量情勢。

奪回舊愛

所謂舊情人者,可能是自願離開第一名和第二名女子,也有可能是被前後兩名女子所拋棄。也有可能是被一名女子拋棄,自己又拋棄另一名女子,然後跟第三名展開交往;或者也有可能是主動拋棄某位女子,然後跟另一名交往。

若他前後拋棄了兩名女子,則此男子必不可信,因為他太過輕薄無情,對該兩名女子太狠心。若男子被前後兩名女子拋棄,而其之所以被第二名拋棄的原因,是因為該女子找到了更富有之金主,則第一名女子應該把他找回來,因為他會為了面子和恨意而贈與自己更多金錢。但假若兩名女子都是因為貧窮或吝嗇之故而被拋棄,則這樣的男子無須再考慮。

若有男子先拋棄了一名女子,後來卻被另一名拋棄,然後又想重回前一名女子的懷抱;假若他願意先支付一筆財富給前一女子,則該女子不妨重新接受他。

■若恩客中有曾被交際花所棄者,後來有意重回香閨,則該名交際花應先確認其意向。若深思熟慮之後,確認對方用心純誠,便可與之重修舊好。

　　若男子拋棄前一女子，與另一女子同居，而前一名女子企圖奪回他，則她必須先確定該男子之所以離開自己，是因為誤以為新歡有特別的優點，而如今已經失望，所以願意重回自己懷抱，並以更大筆的金錢和更深的情意來補償。

　　或者，他是因為在另一名女子身上看到太多缺點，使他重新體認到前一女子的優點，甚至因而把她看得過分美好，所以願意付出大筆金錢，以重新擁有這名優秀的女子。

　　最後，這名女子還得再想想，該男子是否意志不堅，處處留情，從不肯為她做一件反掌折枝之易事；然後再視情況以決定是否重新接受他。

推敲意圖

　　若一名交際花拋棄一名男子，該男子又被另一女子拋棄，如今她卻想與之重修舊好，則她應先確認該男子的意圖：對方是否對自己還有情意，願意為自己花許多錢；或者他明白自己的眾多優點，不喜歡其他女人；或者他其實在之前的關係中，未曾得到足夠的性滿足就被拋棄，如今只打算藉此機會加以報復；或者他企圖煽惑自己，好奪回部分相贈的財產；還是他根本就是為了拆散她與現任情人，然後再把她拋棄。

　　深思熟慮之後，若確認他用心真誠，就可以加以接受。但假若他存有一絲一毫的不良意圖，則不應與之有所瓜葛。

■前跨頁：圖中女子大腿上縮，置於胃部，小腿朝天上舉，採取「螃蟹體位」躺下，以利男方直搗黃龍。

■左：天女常為上天所使，降臨凡間以擾亂聖者之苦修。

■右：圖中年輕女子戲將一腿跨於情人腰際，彷彿要爬到他身上。

　　若該男子被拋棄後，已與其他女子同居，卻又向前者表示想重回
其懷抱，則該名交際花應審慎抉擇，並在他的新歡企圖挽回時，偷
偷的將他贏回來。交際花作此決定時，可能的理由有：先前的分手
理由對他並不公平，既然要不計一切贏回他，就要與之交談，讓他
與新歡分手；或者交際花其實是為了挫挫自己新歡的銳氣；或該名
舊情人已變得更富有，地位更崇高，受國王賦予相當權力；或他已
與妻子脫離婚姻關係；或他已獨立自主，不與父兄同居；或與之重
修舊好，便能藉他之便接近一名大富豪，擺脫目前新歡之阻撓；或
他已不再受到妻子尊重，所以自己有機會拆散其夫妻關係；或他的
朋友愛上她的敵人，故也憎恨起她來，她要藉他之力，拆散他的朋
友與其情婦。又或者，將他重新奪回，有助於證明他的輕薄無情，
可藉以貶低其信用。

■左：一名沉溺歡場之男
　子，正與兩名女子同戲。
■右：有權有勢而又富有的
　交際花，會有許多女僕負
　責照料她所有的需求。

誘回舊愛

若交際花已決定與舊情人重修舊好,則她的密友和僕從就要告訴男方,之前所以趕走他,都是因為老鴇從中作梗,她其實愛著他,卻不得不聽鴇母的話;且她憎恨目前的情人,極端厭惡他。此外,他們還要設法讓男方相信交際花昔日的真情,並有意無意地提到兩人之間的愛情印記,最好是關於他倆之間的親密行為,比如他親吻她的方式、與她交歡的方式等,並告訴他,這點點滴滴她都依然記在心底。

當交際花必須在新歡與舊愛中間作抉擇時,阿闍梨們皆認為應選擇舊情人,因為他的個性與特質在先前就都已被瞭解,所以交際花較能輕易地取悅,令他滿意。但筏蹉衍那認為,舊情人早已花下大量金錢在該交際花身上,不會再有餘力或心力給她大筆財富。因此,其地位當不及新歡。但此類狀況畢竟還是要視當事人的個別狀況來判定。

關於以上主題，詩偈如是斷言：

重迎舊情人其原因甚多，可能為拆散該男與新歡，或者為影響自己之新歡。

當男依戀女超乎尋常度，此男將畏懼該女會見他男。彼將無視女缺點，賜女大量財與錢，以免該女思背離。

即使身為交際花，仍應要求受尊重，男應先得其同意，方可與之同交歡。若有粗疏相待者，女即應加以鄙視。若己與男同居時，信使捎來他消息，表示另有追求者；此時女可予婉拒，或者另約相會時。絕不可拋棄當下身邊人。

智慧交際花，只與舊情人，重修昔日情。但她應確定，此舉將獲致，好運或財富、愛情或友情。

■交際花應盛裝嚴飾，立於家門前，為路上行人展示姿容，因為她自身就彷彿是一件等待銷售的商品。

特別收穫

Special Gains

लाभविशेषप्रकरण

Labhavishesha Drakarana

當交際花每天都能從許多恩客身上獲取大量金錢時，就不能讓自己固定只與一名恩客交往。她要依據地點、季節、人們的看法、自己的美貌與優點，並參考其他交際花的收費標準，來為自己訂定夜度資。然後將此一收費標準告知情人、朋友與熟人。倘若她可以從一名恩客身上獲取同樣額度的金錢，則不妨固定只接待該名客人，並與其同居，彷彿只為他服務一樣。

黃金價值高

先賢有言，若交際花能同時從兩名恩客身上獲取等量的金錢，則她應該選擇能滿足她所需所望的那一位。但筏蹉衍那認為，應當選擇能送她黃金的客人，因為黃金跟其他類似的物品一樣，一經送出就難以追回；而且收受黃金非常容易，又能換取任何自己所好之物。黃金比銀、銅、銅錫合金、鐵、盆罐、家具、床、衣服、內袍、香物、葫蘆器皿、酥油、油料、玉米、牛隻或其他的東西都要有價值。

愛之抉擇

假若爭取兩位情人所費的力氣相當，或者這兩人能給予的快慰無

別，則該交際花就需要朋友的忠告來幫忙作決定，或者視兩人的個別特質，或好壞預兆來決定。

若兩人中，一個對自己很依戀，一個對自己很慷慨，則先賢建議選擇慷慨的那一位。但筏蹉衍那認為要選擇真正離不開她的那位情人，因為他可以慢慢被調教得變慷慨——只要愛上一個女人，守財奴也會變慷慨；假若只是天性慷慨，那麼他未必會真的離不開她。但假若兩人同樣愛著她，而一窮一富，則當然要選擇富有的那一位。

若兩人中一個慷慨，一個則願意為她做任何事，有人說，此時應該選擇後者。但筏蹉衍那認為，後者在為交際花做了某事之後，可能會覺得他已經把該做的做到了；而慷慨的那位卻不會在意自己付出過什麼。所以作抉擇時，仍要評量與哪位在一起，將來的日子會過得比較好。

若兩人中一個比較體貼溫柔，另一個則瀟灑大方，俗論以為該選擇後者，但筏蹉衍那認為該選擇前者。因為瀟灑大方的人常常也比較驕傲自大、言語無趣、不知體貼、不想維持長遠關係，也較不在乎對方的付出；一旦交際花偶然犯錯，他可能就會斷然離去。這樣的人也比較容易聽信其他女人的讒言。而體貼溫柔的那位則不會忽然離棄自己，因為他會考慮到交際花可能受到的痛苦。不過，當然還是要考量跟誰在一起比較有未來。

當必須在朋友的要求，與賺錢的機會之間擇一時，俗論以為應該選擇後者。但筏蹉衍那認為，錢還有機會賺到，所以婉拒朋友的要求之前，要以長遠的眼光衡量日後的利益。遇到這種情況時，可以想些辦法安慰朋友，比如假裝很忙，或答應他第二天一定滿足他，以便一舉兩得。

當必須在賺錢與避免災禍之間擇一時，俗論以為該選擇賺錢；但筏蹉衍那反對，他認為金錢的重要性有限，而好好處理災禍卻可能從此一勞永逸。所以作選擇時，還是要衡量日後的影響是大是小。

酬謝神明

一般妓女（ganika）中的最富有者，與交際花中最有地位、收入最豐者，要負責出資建造神廟、蓄水池、花園、奉獻千條牛隻給婆羅門，並敬拜神祇、為神祇舉辦節慶，以及負責其他相關事宜。

■一名調皮的交際花，正煙視媚行地擁抱一名修行人，企圖勾引他。

至於其他的交際花，則要日日穿著乾淨衣裳，準備充足的食物飲水給飢渴貧民；每天吃一顆浸過香料的葉捲檳榔，並戴上鍍金首飾。俗論以為，這象徵一名交際花的收入居於中等或下等，但筏蹉衍那認為不能光以這樣的標準來衡量，必須要看地方、看民情風俗，以及表面上可察知或難以察知的因素。

抽身或牟利之機

若有交際花想讓自己在某男子面前，顯得與其他女子有別，則她可以放棄大筆賞賜，只以友誼標準向他收取少量金錢，藉此將他從其他女人身邊搶走，順便取得財富；藉此提昇自己的地位，得享福蔭；與該名男子的親密關係而令其餘男子妒忌；或者想藉該男子之助以躲避災禍；或自己真的傾心於他；或想藉他的力量傷害某人；

■左：兩名技巧嫻熟的交際花正運用所習愛技，取悅一群精力旺盛的年輕男子。

■右：這幅勞爾·昌達（Laur Chanda）的手繪小畫作於十四世紀。一對情侶正在女僕協助下，避開防守鬆弛的警衛，準備私奔。

或念及對方從前的好；或僅僅是因為想與之交歡。

　　當交際花想拋棄一名情人，改投他人懷抱時；或者預期對方很快就會拋棄她，回到妻子身邊時；或者他床頭金盡，將要被家中侍從、主人、父親帶走；或者其地位已岌岌可危；或發覺他輕薄無情時；該交際花就要盡可能把他的錢財牟取殆盡。

　　反之，若交際花認為情人可能會收到貴重禮物；或其貨船將要載回大量財貨；或將自國王處獲賜土地；或財富即將倍增；或已積藏大量穀物商品；或他是個凡事考慮能否獲益的人；或者他總是信守諾言；則該交際花為了自己將來的福祉，可與之如夫妻般同居。

　　關於以上主題，詩偈如是說：

　　衡量目前所得以及將來福祉，名妓花魁應當避免以下男子：生計猶有困難者、自私狠心求官者。

　　交際花應當選擇此類人：慷慨好相處，或能助避難，提升己身分。假若能贏得，慷慨積極男，即使先賠本，亦應予投資，小惠或小物，彼男受惠後，必湧泉以報。

■左：兩名健壯活躍的男子正愉快地與一名非常豐滿性感的象女同戲。
■上：這幅貝葛拉姆（Begram，阿富汗古都）出土，作於西元二世紀的象牙畫中，畫著兩名雙峰飽滿、纖腰盈吋，並且身戴貴重珠寶的交際花。
■右：一名酒醉的交際花正門戶洞開地坐著，彷彿在提出邀請。

得失之間

Gains and Losses

अर्थानर्थानुबन्धसंशयविचारप्रकरण

Arthanarthanubandhasanshayavichara Drakarana

所謂的獲得有三種：獲得財富、宗教福蔭、內心喜樂；相對的，損失也有三種：失去財富、宗教福蔭、內心喜樂。

損失原因

有時候，一心想奪取目標或實現願望，反而會讓你失去它。導致此一結果的因素甚多，個個不同，比如：智慧不足、天真無知、愛得太過、面子因素、太過自信、自負、太過憤怒、不夠謹慎、太過魯莽、思想不淨，或環境不佳、運氣太差。

此一結果將導致：之前的投資變成白費、對交際花未來的收入有負面影響、失去潛在的收入與目前所有、令其性情大變，因而失去健康、頭髮、快樂。

當所求不只一種時，就稱為「附帶收益」；當所求為何不確定時，稱為「單純懷疑」；當結果可能有兩種，因此感到猶疑時，稱為「複合懷疑」；當一個行動引來兩種結果時，稱為「雙重結果組合」；若引發的結果有多種，稱為「多角結果組合」。

與一個很棒的男人同居，同時又被另一男子追求，收受其財物，而該男子又是未來可能帶給她更多財富、為眾人垂涎者，稱為「眼前與將來之財均收」。若與某人同居只能得到錢，就只是「除了金

■ 交際花應設法結交富貴慷慨人士，他們會在快意之時不計服務內容大小、大方給予賞賜。

錢，別無所得」。

若交際花收受情人以外第三人所贈金錢，則可能的結果是：失去現任情人的金錢；令原本忠誠的情人背叛她；成為眾矢之的；或者誤投條件較差的男子，毀棄大好前途。這就稱為「先得後失」。

若交際花自行花費金錢，與大人物或貪婪的官員交往，雖沒有實質收益，卻企圖藉此轉變厄運、一掃賺取大筆收益的障礙，則稱為「先失後得」。

若交際花天性柔善，為了一個吝嗇又自負的男子，或極富吸引力但不知感恩的男子，而自行付出，稱為「有去無回」。

若交際花善待一名國王寵臣，但他冷酷而有權勢，從他身上不但無任何受益，還有可能隨時被他拋棄，則稱為「一無所得」。

同樣的，在宗教福蔭與內心喜樂方面的得失，也可能非常明顯，同時具有多種組合方式的。

心生懷疑

懷疑也分三方面：關於財富的、宗教福蔭的、以及內心喜樂的。當交際花不確定對方可以給她多少錢、為她花多少錢時，稱為「財富之慮」。

若她不確定是否該拋棄一名床頭金盡的情人，則稱為「道德之慮」。

若她得不到自己喜歡的人，或不確定對方的家庭能否善待她，或不確定條件較差的對方能否給她喜樂時，則稱為「喜樂之慮」。

若失禮於一名有權勢而又嚴謹的男人，不確定後果如何，稱為「財失之慮」。

■左與右：精於舞蹈的交際花能輕易屢獲許多愛慕者。

　　若毫不留情地拋棄一名傾心於她的男子，令其對現世與來生均不抱期望，稱為「失去福報之慮」。

　　若她熱切期待情人到來，卻不知對方是否會來造訪、是否能善待她，則稱為「失去喜樂之慮」。

　　若舊情人或有權勢者引薦一名尚不明其意向的新人，不確定與其交往是得是失，則稱為「財富得失之慮」。

　　若受友朋之託，或基於同情，而與下列宗教人士交歡：有學養之婆羅門、學僧、宗教狂熱者、受愛戀之苦而幾乎自殺的禁欲修行人，則有「失去宗教福蔭之慮」。

　　若僅憑傳聞謠言，未確認一名男子質性優劣、交往結果便接受他，則稱為「得失交混之慮」。

　　奧達利卡曾簡明扼要的描述得失狀況：若交際花與情人同居，從他身上同時獲得財富與喜樂，稱為「雙重收穫」。若交際花與對方交往時須倒貼金錢，而對方甚至還取回他曾相贈的財物，稱為「雙重失落」。

　　若交際花不確定某新面孔是否會傾心於她，也不確定他是否能給她任何東西，稱為「雙收之慮」。若交際花在自行籠絡先前的敵人之後，不確定對方是否仍會因宿怨而傷害她、或因先前對她的不滿而取回從前相贈之物，稱為「雙失之慮」。

　　巴布拉雅如是描述得與失的情形：若交際花能從她將赴約的對象身上，以及她未必會赴約的對象身上都獲得金錢，稱為「雙收」。

　　若赴約後將遭致日後的金錢損失，不赴約又可能冒極大的損害風險，則稱為「雙失」。

　　若交際花不確定與某男子會面能否有金錢上的收益，而不至於有金錢上的損失；也不確定拒絕對方之後，能否因此從另一名男子身上獲得收益；稱為「雙重收穫之慮」。

　　若交際花不確定是否在主動造訪宿敵之後，能取回對方從前相贈之物，又怕不主動造訪則對方會傷害她，則稱為「雙重失去之慮」。

■左：圖中男女採取「懸吊體位」之變化式進行歡愛。畫中身戴首飾之女巫正運用高超瑜珈技巧，令雙腿維持結屈姿勢。
■右：此圖見於南印度，畫中男女展現了富於美感與情慾的性愛姿勢。

擬定新組合

在仔細考慮並參考朋友的建議之後，交際花應以獲得財富與避開災禍為前提行動。亦可將宗教福蔭與內心喜樂一一加入上述種種得失組合中，加以考慮，為自己擬出新的組合。

陪伴男人時，交際花應促使對方為自己提供金錢與喜樂。遇到特別場合時，比如春節期間，鴇母可向男子們宣布，若有人能達成她女兒的特殊願望，就可以跟她女兒共處一日。若有男子前來示愛，她就要想想自己能從中獲得什麼。交際花也要考慮自己在財富、宗教福蔭與內心喜樂三方面的可能得失。

以下為各種類型的妓女：秘密或公開之蕩婦（kulata與swairini）、尋常妓女（kumbha-dasi）、女僕（paricharika）、女演員或舞者（nati）、女工（shilpa-karika）、棄家之婦（prakasha）、美體之女（rupajiva），以及交際花（ganika）。

上述各類型妓女皆為各類型男子之所需，妓女們應當用心於如何從各類男子身上獲取金錢、如何討好他們、如何與之分手、如何重

■左：交際花與男子相會之時，應使男子貢獻金錢與性愛。

■右：長期征戰期間，遠離家園、身負重任為國家奮戰的戰士們，經常要藉由與交際花歡愛，以獲得歡娛喜樂。

新與之交往。她們還要考慮額外的得失、伴隨的得失，並依個別事
件之狀況判定可能的後續影響。

關於以上主題，詩偈如是說：

男求快悅，女求金錢，正因如此，當習其術，以求財富。女有求
愛者，亦有求財者，皆當習愛經，求愛讀前章，求財讀此章。

■左：圖中女子的軀幹柔軟
　度超乎常人，正以幾乎不
　可能的姿勢行歡。採取此
　種姿勢交歡時，男方的身
　體也必須非常強健有力。
■右：一對以優雅姿態交
　纏、處於興奮狀態的情
　侶，正以女上男下的體位
　交歡。

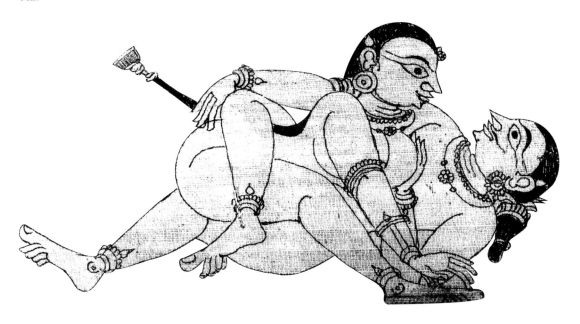

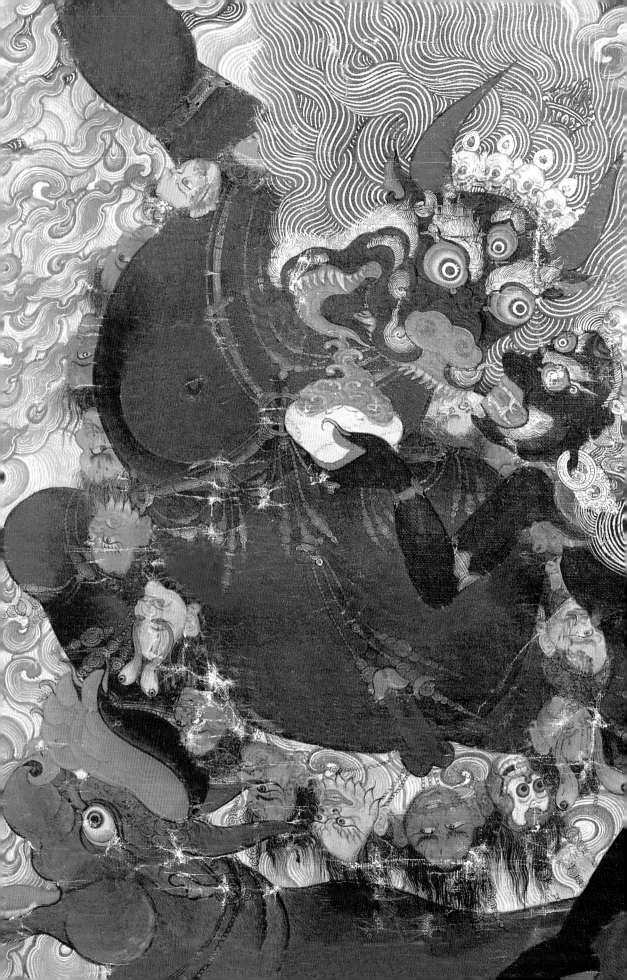

第七章 | 秘方與春藥

BOOK 7 Secret Love, Extraneous Stimulation,
and Sexual Power

美化身體　Beautifying the Body
增強性能力　Regarding Virility

美化身體

Beautifying the Body

सुभगंकरणादिप्रकरण

Subhagankaranadi Drakarana

若用盡本書前述所有方法，仍未能獲得對方的青睞，此時便應另尋他法，以增益個人吸引力，滿足內心欲望。而《坦多羅經》（Tantra Shastra）與《阿塔瓦吠陀》（Atharva Veda）二書中所述及之獨門方法，則可以教導我們如何增益財富。

美容秘方

美貌、才德、年輕與慷慨，是讓人受到大眾喜愛的最主要與最自然因素。而缺少上述條件之男女，可求助於秘方、符咒、催情劑、陽具套以及化妝術。此類方法中，必有能產生作用者。

以槐葉決明（tagara）、蘇木（kashtha）、喜馬拉雅冷杉（talisapatra）葉子調製成糊，塗抹於全身，可以美容。若以上述粉末，與餘甘子（bibhitaka）混和煉製成燈燭，燃燒成灰後，可以作為眼影。將之沾塗眼睫毛上，則可以讓眼睛看起來比較大，讓臉孔更具吸引力。

以黃細心（punarnava）、斑鳩菊（sahadevi）、印度菝契（sariva）、假杜鵑（kurantaka）等四種植物之根，與藍蓮花（utpala）的葉子在芝麻油中熬製，拿來敷在身體上，能令皮膚更細緻有光澤；若同時將此油揉製成珠，串成鍊子戴在身上，則效果會

■一群苦行僧與行乞者，正在製作各種藥物、合劑與春藥，藉以提升性快感。

更強。

取下白蓮與藍蓮花（padma和utpala）之雄蕊，跟鐵力木（nagakesara）一起加以乾燥磨粉，與蜂蜜、純奶油攪拌均勻，然後啜飲，則有助於美化膚質。若將上述材料攪拌之後，混入tangara、冷杉（talisa）和大葉桂（tamalapatra）粉末，塗抹於身，效果倍增。

最好還要隨身配戴具有法力以及美容效果的法寶。最有效的法寶，是將孔雀眼於良辰吉時封入金盒中。亦可將樹梢頂端的莓果曬乾，清除砂石，挑選其中呈海螺狀者，以右手持之，便是最吉祥的珍品；但須經得道高僧讀誦吠陀經加持才行。

花魁之女的婚事

當女僕年屆荳蔻之齡，其主人便不應再讓她拋頭露面。若有年輕男子因此而對她心生渴慕，想追求她，則主人可將她賜予該男子，並附贈嫁妝，好為自己締結善緣、減少敵人。這是一種常見而普遍被接受的方法，能提升該位女僕之命格，令她更快樂、富吸引力，而且變得更加可愛。

同樣的，交際花之女到了荳蔻年華，其母便應找來一群年齡、性格、知識水準與她相近的年輕男子，告訴他們，她將選出贈禮最貴重者，與其女舉行交杯禮。然後要盡可能不讓女兒露面，最後才將她交給中選的男子。若中選者所贈之禮不夠貴重，她的母親就要向他展示其他追求者所贈之禮。不然，就只好裝作不知情，讓女兒與該男子

■左：飲用混入阿輸吠陀（ayurvedic，乃印度之傳統醫療與養生之學）成分的牛奶，能令男子精力大進，勇猛如獸。

■右：把水蕹衣果實製成的軟膏塗在象女型女子陰部，能令其陰道緊縮一夜。

私相授受，再故作不得已而成全他倆。

　　而女兒自己也要想辦法瞞著母親結交富家公子，吸引他們垂青。她可以在學習歌藝之時，或演奏會上，或在其他人士的處所與之相會；再請女友或女僕代為向母親轉達自己已有意中人，請她同意自己與該男子交往。

　　當交際花之女以上述方式與男子締結關係之後，必須跟對方維持一年的情侶關係，才可與其餘男子來往。但在此一年當中，即使期限將近尾聲，只要該男子提出邀請，此女仍要排除其他邀約，前往陪侍過夜。

　　上述方法乃交際花與人作為短期伴侶，以及提升個人吸引力、為自己增添價值的模式。此法若施於舞孃之女，也非常有用。

征服異性之法

　　以下介紹能增加吸引力、提升個人英勇形象，好令眾人妒忌的方法。

　　男性若在陽具上塗抹由白棘蘋（dhatturaka）粉、長椒（pippali）、黑椒（maricha）和蜂蜜混製而成的軟膏，然後與女子交歡，便可以昂揚持久。亦可拾取vatodbhranta patra落葉，以及人們擲在即將火化的屍體身上的花，加上孔雀與燕子骨頭磨成的粉，混和成藥，能令男子能力大進，滿足伴侶。

　　將自然死亡的鳶鷹屍體磨成粉，與牛糞灰、蜂蜜相混成膏，於沐浴前塗抹在皮膚上，可使男人吸引任何女人。在陽具上塗抹菴摩羅（amalaka，蝴蝶花）製成之藥膏，可提升女人之性快感，讓任何女人都能得到滿足。

　　男子若將vajrasruhi的芽磨碎，泡過胭脂與純硫磺，並乾燥七次之後，與蜂蜜混合，抹在陽具上，則能在交歡時令所有女人俯首稱臣；若在夜晚燃燒此物，並從所生煙霧透視到金色月亮，則他此後

將無往不利，征服所有女子。若將此物與猴糞相混，丟到女子身上，則能令此女鍾情於他，不易對他人動心。

　　若將菖蒲（vacha）碎片與芒果油均勻相混，將之存放於樹的分岔枝幹之中六個月，然後製成藥膏，在交歡前塗在陽具上，則能征服所有女子。

　　亦可將駱駝骨泡過bharingaraj汁，然後將其黑灰放在駱駝骨盒中，把銻混入，用一根駱駝骨挑抹少許沾在睫毛上。此物非常純淨，並對眼睛有益，能幫人吸引到對象。

提升性能力之秘方

　　牛奶加上糖，混合真珠草（uchchata）、樹棉（chavya）根部製成的粉與甘草，讓男子飲用後，將精力大進，猶如猛牛。

　　將羊睪丸在牛奶中熬煮並加上糖，飲用後能提升性耐力。

　　長椒種子混以甘蔗根、七爪龍花（vidari），搗碎後混以牛奶，則是長效型的興奮劑。

　　若將野生菱角（sringataka）、油莎草（kaseruka）、甘草的根或種子，混以kshirakakoli洋蔥一起搗碎，倒入牛奶中，加上糖和純淨奶油以中火熬煮，讓男子飲用後，他將能享用無數女子。

　　還有，若將米混以麻雀蛋，加入純淨奶油和蜂蜜，在牛奶中熬煮，飲用後能提升男子性能力。

　　若將芝麻種子外殼混入麻雀蛋汁，加入牛奶中熬煮，再加上糖、純淨奶油、油莎草、麵粉與swayamgupta豆，讓男子飲用，則他將能享用無數女子。

　　傳說將等量的純淨奶油、蜂蜜、糖、甘草，加上茴香汁和牛奶所製成之蜜乳，具有神聖、提升性能力、保養身體的功效，嘗起來也香甜可口。

■若對方無法滿足自己的性
需求，便可運用各種方法
吸引他人與己交媾，以便
獲得滿足。《坦多羅經》
中便載有此類方法。

養生益壽的補品

將天門冬草藥汁（shatavari）、蒺藜（shvadamshtra）、糖蜜、純淨奶油、長椒、甘草、蜂蜜加入濃牛奶中，其味極為可口。從滿月切入第八星宿當日，一直到月亮離開該星座之日為止，期間日日服用此方，有助於延年益壽。

將天門冬草、蒺藜與搗碎的印度石梓（shriparni）果實加入水中熬煮，日日飲用，將有助於恢復體力。

在春季每天早晨飲用煮過的純淨奶油，不但可口，還有助於健康、增加體力。

將等量的刺蒺藜（gokshura）種子與大麥粉相混，每天早晨起床後吃兩帕拉（pala），有益健康。

將等量的天門冬草、蒺藜與印度石梓浸軟，以水熬煮過濾後飲用，則有益健康，並提升精力。但此方應於冷天早晨日日服用。

關於以上主題，詩偈如是說：

應習醫藥，阿闍婆吠陀之咒法，求教巫師，煉金術士，以求良方，助燃情意，助升精力。若有疑慮，恐傷身體，致動物死，或疑不潔，即不當採。其法聖潔，常識認可，乃婆羅僧，以及友伴，所肯定者，方為可採。

增強性能力

Regarding Virility

नष्टरागप्रत्यानयनप्रकरण

Nashtaragapratyanayana Drakarana

若有男子無法緩解性飢渴女子之性需求，此時可先採用多種方法撩撥其欲望。方法之一，是先以手或手指撫弄女方陰部，直到她興奮起來或產生快感，再與之交合，如此便可以在射精之前先讓她達到高潮。

性愛道具介紹

男性亦可用陽具套（apadravyas）作為交歡時的替代用具，該物頂端削成陽具形狀，可套在陽具上，長度與粗細則視女方陰道需要而定。巴布拉雅認為，陽具套應以黃金、銀、銅、鐵、象牙、牛角、木頭、錫或皮革製成，質地要柔細、冰涼，並且像戒指或手套一般貼合器官，才能發揮效用，並且要能禁得起各種性交動作。筏蹉衍那則說，此項工具要視個別情況來使用。

以下為各種類型的陽具套：單環（valaya），粗細與陽具相當，表面有波紋；雙環（sanghati），由兩個單環組成；多環（chudaka），由三個以上的單環組成，環數視陽具所需長度而定；還可以用鬆緊繩（ekachudaka），繫綁於陽具上，鬆緊度則視個別需要。

還有各類陽具套如全封套（kanchuka）與格網套（jalaka，其大小

■左：若女子情欲常未能獲得滿足，便需借重陽具套，將之綁繫陽具之上，以行交歡。它能激起性需求高強女子之強烈快感，令她得到滿足。

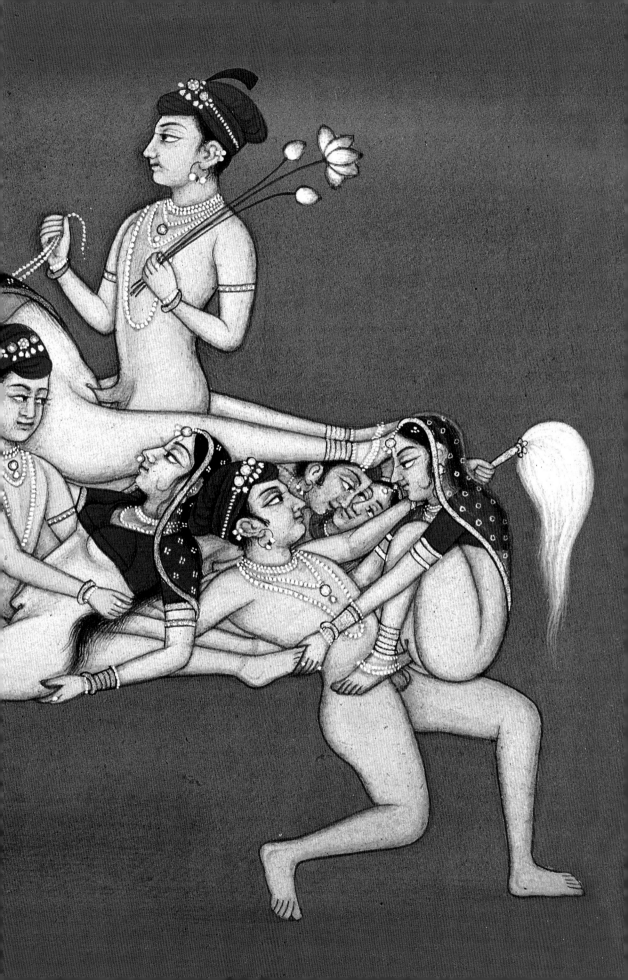

剛好能讓勃起的陽具吻合套入）。陽具套要留下睪丸所需的空間，才能提升整體效用。此類陽具套表面常有突起，突起程度視女方陰道所需而定，目的在提升女方快感。此套可繞臀繫綁以固定位置。

當無陽具套可用時，可改採形狀大小適合的瓶狀葫蘆柄部或竹子製成之套管來替代，但使用前須先以藥油加以潤滑，並以線繩將之綁在腰部使用。

年輕男子（其實也包含所有年齡的男性）都有可能遇到狀況不佳的時候，並因此而苦惱。此類狀況包含早洩、半軟不硬，以及遲遲不舉，可能是因為性欲不足，或縱欲過度。此時可以口交方式令陽具完全勃起，好續行交歡。還有一種有助於提升勃起狀態的方式，是以手指插入後庭加以刺激撥弄。

其實，只要遇到無法滿足女方欲望的情形，就可藉助假陽具。其使用方法是將之套在勃起的陽具上，或綁在陽具附近的身體部位上；或將菴摩羅（amalaka）石綁在陽具根部。上述方式將能充分滿足性欲高張之女子，令其得到高潮。

撐大尿道口

印度得干高原（Deccan）與南部地區人士另持高見，認為唯有撐大尿道口，方能令男子充分享受性愛快感。其法是以大小合適、兩端尖細的柄狀物插入尿道口，上下抽插以將之撐大。此一方法可在兒童時期便加以施行，當男童到達穿耳洞的年紀時，便可以施行此手術。

成年之年輕男子們亦能藉助梭狀物來撐大尿道口。施行時，下身應浸泡於水中，直到尿道口出血為止，而出血狀況將會慢慢停止。為了避免讓撐大的尿道口再行縮回，手術後的男子應忍受痛楚，勇敢地與人交歡，還能藉此達到清理傷口的目的。然後逐日以越來越大的梭子一再撐大尿道口，撐大後的尿道口要常以甘草、蜂蜜與阿拉伯樹膠（kashayas）製成之藥膏加以清潔保養。

撐大尿道口的時候，還可以使用各種形狀與大小的工具。比如圓底的龜頭造型，狀如木杵、花苞者，或象鼻、八角、尖棒、扁圓、雨傘、三角柱、串珠、髮夾等形狀者。還有其他各種工具，其名稱一如其形狀與使用方法。其中有平滑者、粗礪者，通常為年輕情侶所需所好，但最重要的是看起來要有吸引力，或能引起性欲。

■前跨頁：「若有馬奔馳，至第五階段，其將脫韁去，盲目自馳騁，無視路途上，陷阱與壕溝，甚至有樁柱；男女歡愛時，其行亦如是，盲目隨情慾，衝動不能止。」圖中畫了多對情侶深陷情欲之中，忘情而狂烈地進行交歡。

■卡麗女神與女伴，乃坦多羅風格之諸神畫像之一。圖中，卡麗坐在一具屍體上，猶如憩歇於寶座之上。女伴之一則揮舞拂塵，此乃印度侍奉皇族與天神時的傳統象徵。

陽具增大術

　　要使陽具增大、硬度更強，就要利用許多種昆蟲。比如一種長在樹上的毛蟲（kandalika），將它揉碎在陽具或包皮上，便可令陽具更為腫脹，但同時也會產生痛感，若要緩解此種疼痛，可在陽具上揉擦舒緩油至少十個晚上；每次用過這種昆蟲，都要如此緩解一次。

　　若要使長度大幅增加，則可躺在繩床上並讓陽具向下穿過網孔。當陽具增大到極限後，須以薄荷精油加以緩解。上述方法可終生使用，為德拉維達（Dravida）地區年輕男子所愛用，並稱之為「增大增長術」（shukashopha）。

　　還有一種使陽具持續腫脹一個月的方法，是在陽具上揉擦印度人蔘汁（ashvagandha）、灰木根（shabara）、印度龍葵果（brihati）、熊尾草根（jalashuka）等發泡劑。此外，以野牛乳製

成的奶油加上蓖麻油（hastikarna）與vajaravalli，亦可令陽具增大不少。

另有一法能令陽具持續增大六個月，是以含有阿拉伯樹膠成分的熬製精油在陽具上按摩，或以石榴子、黃瓜汁、蓖麻果與茄子混合，經中火煉製成油，在陽具上揉擦。亦可向其他有經驗、可信的前輩學習其他陽具增大術。

各色工具與春藥

snuhikantaka磨成的粉、奶籬刺、黃細心與猴糞加上雞爪百合（langalika）根磨成的粉混在一起，丟到女子頭上，能令女子深深愛上一個人，無心於他人。

將麻黃（somalata）、補骨脂花（avalguja）、鱧腸（bhringaraja）、阿勃勒（vyadhighata）與蒲桃果（jambu）的混合濃汁，於交歡前塗在女子陰部，會令男子厭惡該女。

將母野牛煉乳混入gopalika、馬鞍藤（bahupadika）與地膽草（jivhika）等植物磨成的粉，女子以之沐浴後，會令男子對她失去興趣。

由kadamaba、檳榔青（amrataka）與蒲桃花串成的花環，或製成的糊糊，會為配戴或塗擦它的女子帶來不幸。

把水蓑衣（kokilaksha）製成的軟膏塗在母象型女子的陰部，能令其陰道緊縮一

■左：一位強健的男性神人，正一面自悅，一面與美麗農婦同戲。

■右：年輕男子可運用各種形狀與尺寸的工具來撐大尿道口，藉此增強性刺激。

夜。將白色與藍色蓮花根部搗成汁，加上紫檀心木（sarjaka）和南薑（sugandha）磨成的粉、純淨奶油和蜂蜜，混製成膏，塗在母鹿型女子陰部，能令其陰部擴張。

補骨脂果與奶籬、大麻（soma）與金剛纂（snuhi）兩種植物，以及菴摩羅果汁合成的濃汁，能令女子頭髮柔順。

黃莧菜、指甲花（madayantika）、碗仔花（anjanika）、蝶豆（girikarnika）與shlakshnaparni等植物的根部搗汁製成乳液，能令頭髮茂盛黑亮。將之熬製成油，在頭皮上按摩，能使髮色變黑，並有助於頭髮生長。

將指甲花以白馬陰囊流出的汗浸泡七次，抹在紅唇上，能令其轉為白色。運用指甲花或其他植物成分，可令唇色轉紅。

■左：五面十手的濕婆，其第五面位於身後，不得而見。此神像受奉於北印度曼帝（Mandi）的主要神廟中。

■右：卡麗尊神手刃妖魔圖。本圖以鮮明畫風展現其驚人的神力。

將蘆笛浸泡過馬鞍藤（bahupadika）、hushtha、槐葉決明、冷杉、石薯（vajrakanda）等植物的汁後，男子取以吹奏，能令聽聞笛聲的女子任其擺佈。

在食物中加入刺蘋（dathura），能令食用者春心大起。

食用久存之棕櫚方糖，能令人心意堅定不移。

引啜腳邊有小牛跪坐的白母牛乳汁時，能為人帶來好運、好名聲，並能延年益壽。婆羅門高僧的祝福亦具有同樣功效。

■左：此圖象徵著男女之結合，尤受坦多羅信徒尊奉。

■右：將特製草膏藥塗抹於母鹿型女子陰部，能令其擴張。

關於本書主題，詩偈如是作結：

此書乃濃縮，前輩諸作者，愛欲之學問，師法其所教，歡愛之正道。

真解此術真諦者，必重下列一切事：法益財富與愛欲，自身經驗和他人所教，絕不聽欲而行事。書中所教諸方法，若有不利健康者，作者均已予警告，詳述壞處並禁止。

任何所教之動作，絕非教人以耽溺。學者應當詳牢記，書中所教諸知識，只為適用必要時。前輩作者、巴布拉雅，著作所傳之原則，本書均遵其真義。愛經稟受聖典律，求能利益全世界。筏蹉衍那大尊者，終身奉行聖教義，深思諸神之義理，本書謹奉其教導。

本書非僅為了欲之工具。真知此學真義者，真求法財與愛欲，心求利益大眾者，必能控制諸感官。

一言以蔽之，聰慧謹慎者，求法益財富，亦同求愛欲，於諸所求中，不受欲所使。此等智慧人，必於所從事，均獲致成功。

■左：一位身著植物製成之裙子的女子，將群蛇誘出樹叢。對蛇的敬拜，是印度文化中相當重要的部分。
■右：圖中女子正運用豐滿的胸部，展現誘人的姿態。

印度愛經/筏蹉衍那（Vatsyayana）原著；藍斯·丹（Lance Dane）編寫；江俊亮中譯. --初版. --臺北市：大辣出版：大塊文化發行, 2007.11
面；　公分. --　（dala sex；18）譯自：Kama Sutra　　　ISBN：978-986-83558-3-5（精裝）1.性知識　　2.兩性關係　　3.愛　　4.婚姻
429.1　　96019884

not only passion